Abb. 1. Mischmaschine mit einer Leistung von 12 Tonnen per Stunde.

Asphalt- und Teerstraßen
(Bituminöse Straßenanlagen)

Von

B. J. Kerkhof
Direktor der Maatschappij Wegenbouw
Utrecht

Übersetzt von

E. Ilse
Direktor der Wegebau-Gesellschaften in Cassel
Düsseldorf, München, Stuttgart

Mit 10 Abbildungen auf Tafeln

Springer-Verlag Berlin Heidelberg GmbH
1925

ISBN 978-3-662-31472-2 ISBN 978-3-662-31679-5 (eBook)
DOI 10.1007/978-3-662-31679-5

Softcover reprint of the hardcover 1st edition 1925

Vorwort zur deutschen Übersetzung.

Die Fortschritte, die man im neuzeitigen Straßenbau seit mehreren Jahren im Ausland gemacht hat, sind in der deutschen Fachwelt bekannt. Eine Reihe maßgebender deutscher Baubeamten hat schon im vergangenen Jahr England[1]) und Holland besucht und die Straßen besichtigt, die den neuen Forderungen des Straßen-Großverkehrs angepaßt sind. Aber auch in Deutschland selbst hat man erkannt, daß der heutige Straßenbau dem schnell anwachsenden Schnell- und Lastkraftverkehr nicht mehr gerecht werden kann. Schon seit längerer Zeit haben weitsichtige Männer in Wort und Schrift[2]) dafür gewirkt und das Interesse vieler Kreise wachgerufen. Wenn es bisher noch nicht zu Taten gekommen ist, so liegen die Gründe dafür klar zutage; an der deutschen Fachwelt oder am Nichtwollen hat es nicht gelegen. Nun aber beginnt man auch zu Taten überzugehen, und in Stadt und Land und in jeder Provinz erstehen größere oder kleinere Versuchsstrecken, die Vorläufer sein werden für durchgreifende große, man kann sogar sagen Riesenpläne. Wenn in diesem Augenblick das vorliegende Buch in deutscher Übersetzung den Fachleuten überreicht wird, so kann man gewiß sein, reges Interesse zu erwecken, wie man auch sicher sein kann, daß es zeitgemäß kommt.

Das Buch ist der Niederschlag reifer Erfahrungen aus der Praxis, die der erste Direktor der „Maatschappij Wegenbouw" in Utrecht, Herr B. J. Kerkhof, in einer Reihe von Jahren gemacht hat. Um den Verfasser in der deutschen Fachwelt einzuführen, darf noch gesagt werden, daß Herr Kerkhof in Holland durch sein Werk „Wegenbouw"[3]) und seine zahlreichen Beiträge in den fachwissenschaftlichen Zeitschriften rühmlich bekannt ist und zu den führenden Männern in allen Fragen des modernen Straßenbaus gerechnet wird.

---

[1]) Siehe Bericht des Herrn Oberbaurats Hentrich, erster Beigeordneter der Stadt Crefeld, über: „Reise nach London zum Studium der Automobilstraßen, 24. bis 31. Oktober 1924." Berlin: Julius Springer 1925.

[2]) Die Chemie und Technologie der natürlichen und künstlichen Asphalte von Dr. H. Köhler und Dr. E. Graefe. Braunschweig: Vieweg & Sohn 1913.

[3]) Wegenbouw door B. J. Kerkhof, Amsterdam. — N. V. Wed. J. Ahrend & Zoon. 1920.

Das Buch wird Vielen ein wertvoller Ratgeber sein, und da es aus der Praxis kommt und fern von aller Theorie ist, so wird jeder Straßenbauer Nutzen daraus ziehen und vor Fehlern bewahrt bleiben, die sonst schwer zu vermeiden wären.

Auf eins sei aber besonders hingewiesen. Jeder aufmerksame Leser wird erkennen, daß der Straßenbau, wie er heute hergestellt werden muß, eine Kunst ist, und daß richtiges Gefühl und großes Verständnis dazu gehören, um diejenige Bauart auszuführen, die einer Straße nach Lage und Verkehr genau angepaßt ist. Ein Zuviel oder ein Zuwenig bringen Rückschläge, die viel Geld kosten. Dazu kommt dann noch die Ausführung des Baues selbst. Große Sachkenntnis, dauernde Überwachung der Arbeit, fortgesetzte Prüfung der Baustoffe, höchste Genauigkeit beim Bau sind selbstverständliche Bedingungen, die allein gute Dauerergebnisse bringen können.

Möge das vorliegende Buch für seinen Teil mithelfen, in kurzer Zeit das nachzuholen, was wir in Deutschland gezwungenermaßen versäumt haben, nämlich dauerhafte, staubfreie und geräuschlose Straßen zu schaffen.

Linz a. Rh., Mai 1925.

Emil Ilse
Direktor der Wegebau-Gesellschaften in Cassel, Düsseldorf, München, Stuttgart.

Vorwort des Verfassers.

Die Asphaltstraße hat hierzulande sich in kurzer Zeit einen guten Ruf erworben. Wenn ich im Jahre 1920 in meinem Werke „Wegenbouw“ das Kapitel über Asphaltstraßen noch mit den Worten beginnen mußte: „Die Verwendung von Asphalt im Straßenbau hat hier noch wenig Eingang gefunden“, so ist jetzt, noch keine fünf Jahre später, die Asphaltstraße bereits volkstümlich geworden. Jedermann ist von ihren vortrefflichen Eigenschaften überzeugt, und die Tatsache, daß die Asphaltstraße in ihrem einfachen Aufbau auch in Zeiten von Geldknappheit nicht zu teuer ist, brachte es zustande, daß ihre Verwendung Allgemeingut geworden ist.

Weniger bekannt ist die Kenntnis der technischen Einzelheiten über Anlage und Unterhaltung der Asphaltstraße in ihrer großen Verschiedenheit.

Eine Darstellung der neuzeitigen Straßenanlagen unter Verwendung von bituminösen Stoffen, ausführlicher und mehr ins einzelne gehend als in meinem Buche „Wegenbouw“, schien darum auch notwendig zu sein: notwendig vor allem, um die Vor- und Nachteile der vielen Systeme in sachlicher Weise zu beleuchten.

Was uns hierzulande an Erfahrung und Praxis auf diesem Gebiete noch fehlt, können wir bei unseren Nachbarn in England und Amerika vervollständigen. Ich habe geglaubt, diese in einzelnen Fällen zu Hilfe rufen zu müssen, z. B. sobald es nötig war, meinen Worten mehr Nachdruck zu verleihen, oder soweit deren Zahlenmaterial dazu dienen konnte, Ansichten zu bestätigen.

Schließlich war diese Abhandlung nötig geworden, um Verwirrungen zu verhüten in der Benennung der verschiedenen bituminösen Straßenanlagen und der Baustoffe, die dabei Verwendung finden. Die Übernahme und der häufig unrichtige Gebrauch ausländischer Namen muß als ein einschleichendes Übel angesehen und darum bekämpft werden.

Ich hoffe, mit diesem Buch einer technischen Forderung gerecht zu werden und etwas dazu beigetragen zu haben, richtige Begriffe über die Asphaltstraße zu verbreiten.

Bilthoven bei Utrecht, Frühling 1925.

B. J. Kerkhof.

Inhaltsverzeichnis.

X. Steinschlagasphalt (Asphaltbeton).

XI. Asphaltmakadam.

XII. Die Unterhaltung von Asphaltwegen.

XIII. Teersteinschlag.

XIV. Bituminöse Oberflächenbehandlung.

XV. Prüfung und Zusammenstellung der bituminösen Materialien.

I. Benennungen.

Das gleiche Übel, welches in andern Ländern bei Einführung von bituminösen Straßenbauten empfunden wurde, ist auch hier wahrzunehmen: es herrscht große Verschiedenheit in Bezug auf die Benennungen. Dazu kommt, daß für die meisten Begriffe noch keine offiziellen Namen eingeführt sind, so daß die ausländischen sich einbürgern konnten und teilweise auch volkstümlich geworden sind.

Muß dies an sich schon als eine unerwünschte Tatsache angesehen werden, so wird es schlimmer, wenn diese ausländischen Bezeichnungen unrichtig angewendet oder unvollkommen begriffen werden.

Nachstehend ist eine Liste der in dieser Schrift vorkommenden Bezeichnungen und deren Bedeutung aufgestellt. Maßgebend für diese Zusammenstellung war das Streben, soviel wie möglich rationell vorzugehen und die bereits halboffiziellen wie auch einige volkstümlich gewordene Bezeichnungen, wenn möglich, zu benutzen.

Leider herrscht noch keine vollkommene Einstimmigkeit.

Von der für Festsetzung der Normalbenennungen besonders eingesetzten Kommission ist aber in kurzer Zeit ein endgültiger Beschluß über die Terminologie zu erwarten.

Benennung	Beschreibung
Asphalt.	Ein Material, das Bitumen als wesentlichen Bestandteil enthält. Man unterscheidet Naturasphalt und Petroleumasphalt. Der Naturasphalt kann Asphaltkalkstein oder Asphaltsandstein sein wie auch Seeasphalt (Trinidad) und in der Natur vorkommendes unvermischtes Bitumen (Gilsonit). Petroleumasphalt ist der Abfall, den man durch Destillation des rohen Erdöls erhält.
Asphaltbeton.	Eine innige und dichte Mischung von Asphalt mit einem neutralen Pulver oder Steingrus, welche durch Sieb Nr. 10 hindurchgehen, und Steinschlag. Man unterscheidet feinen und groben Asphaltbeton. Unter „feinem“ wird ein Asphaltbeton verstanden, in dem das Steinmaterial eine Maximal-Körnergröße von 12 mm hat, während in grobem

Benennung	Beschreibung
	Asphaltbeton die Körnergröße bis zu 3 cm steigen kann.
Asphaltmacadam.	Steinschlag, in den Asphalt eingegossen wird, also ein Asphaltsteinschlag nach dem sogenannten Tränkverfahren. Kann offen oder geschlossen sein.
Asphaltmastix.	Mischung von Asphalt mit mineralischen Bestandteilen in äußerst feinem Zustand, meist Asphaltkalkstein, durch natürliches Bitumen bereichert. Wird in Form von Broten oder Blöcken in den Handel gebracht.
Asphaltmörtel.	Eine innige und dichte Mischung von Asphalt mit einem neutralen Pulver oder Steingrus, mit einer Maximal-Körnergröße von 2,5 mm (Sieb Nr. 10).
Asphaltplatten.	Platten, die fabriksmäßig aus Stampfasphaltpulver oder aus einer synthetischen Mischung von Asphalt mit mineralischen Bestandteilen, wie Sand oder Steingrus, gepreßt werden. Hierher gehören also die Stampfasphaltplatten wie auch die sogenannten Blocks.
Asphaltpulver.	Gemahlener Asphaltstein. Auch Asphaltmehl oder Stampfasphaltpulver genannt.
Asphaltstein.	Sandstein oder Kalkstein, in der Natur mit Bitumen getränkt.
Asphaltsteinschlag.	Ein Steinschlagweg, der als Bindemittel Asphalt enthält.
Binder.	Binder oder Zwischenlage genannt. Eine Lage von Asphaltsteinschlag zwischen Unterbettung und Decklage.
Bitumen.	Die Bestandteile von rohem Erdöl, natürlichem Asphalt und Teer, die vollkommen löslich sind in Schwefelkohlenstoff. Man unterscheidet je nach der Herkunft: Naturbitumen, Petroleumbitumen und Teerbitumen. Eine mehr wissenschaftliche Definition von Bitumen, wobei nicht auf Asphalt verwiesen wird, ist die folgende: Die in Schwefelkohlenstoff lösliche Zusammensetzung von Derivaten organischer Verbindungen mit offenen oder geschlossenen Ketten, mittelbar oder unmittelbar bei der Destillation entstanden, welche kraft des chemischen Aufbaus und der naturwissenschaftlichen Eigenschaften als Bindemittel für Bau- und Industriezwecke verwendbar ist.

Benennung	Beschreibung
Bituminös.	Bitumenhaltig, kann daher sowohl auf Asphalt wie auf Teer Bezug haben.
Bituminöse Oberflächenbehandlung.	Jede Art von Bearbeitung einer Straßendecke mit irgendeinem bituminösen Stoff.
Bituminöse Straßenanlagen.	Jede Art von Straßenbau, bei der Bitumenbindemittel verarbeitet werden.
Clinckerasphalt.	Siehe Schlackenasphalt.
Emulsion.	Eine Mischung von Wasser mit irgendeinem ölartigen Stoff (z. B. Bitumen), die mit Wasser verdünnt werden kann mittels eines verseifenden Bestandteiles.
Flux.	Flüssiges Bitumen, welchem hartes Bitumen zugefügt wird, um dieses weicher zu machen, also um die Penetration zu erhöhen. Kann natürliches oder Petroleumbitumen sein.
Gußasphalt.	Breiartige Mischung von Bitumen und mineralischen Bestandteilen (Sand und Kies oder Steingrus), warm auf die Unterbettung gestrichen. Auch Streichasphalt genannt.
Plattenasphalt.	Pflasterung aus Asphaltplatten oder -blocks, auf eine Unterbettung gelegt.
Präparierter Teer.	Kohlenteer, der bis zu 170° C abdestilliert ist und deshalb wasserfrei und frei von Ammoniak und leichten Ölen (Benzol) ist.
Sandasphalt.	Straßendecke, die man durch Festwalzen einer dünnen Lage heißen Asphaltmörtels erhält. Auch Walzasphalt genannt (Sheetasphalt).
Schlackenasphalt.	Walzasphalt, in dem der Sand durch feingemahlene Schlacken der Abfallverbrennung ersetzt wird. Im Englischen Clinckerasphalt genannt.
Stampfasphalt.	Asphaltpulver, warm auf die Unterbettung verteilt, danach gestampft und gewalzt mit einer leichten Walze.
Steinschlagasphalt.	Steinschlag in verschiedener Körnergröße, der mit Asphalt innig gemischt und warm eingebaut wird. Wird auch genannt Asphaltbeton offener Mischung.
Streichasphalt.	Siehe Gußasphalt.
Teerbeton.	Steinschlag, der mit Teer als Bindemittel gemischt wird. Mischverfahren.

Benennung	Beschreibung
Teermacadam.	Steinschlag, in den Teer eingegossen wird. Tränkverfahren (Penetrationsmethode).
Teersteinschlag.	Bau der Straße aus Steinschlag mit Teer als Bindemittel. Der Teer wird in gewissen Fällen durch Bitumen verstärkt.
Topeka.	Feiner Steinschlagasphalt.
Walzasphalt.	Siehe Sandasphalt.

Hiermit sind die Hauptbegriffe, die in dieser Schrift vorkommen, erklärt. Zum Verständnis der vielen anderen fremden Bezeichnungen sei auf den Text verwiesen.

II. Die Asphaltstraße im allgemeinen.

Neue Verkehrsforderungen. Das Bestreben nach einer geräuschlosen und staubfreien Straßendecke ist unstreitig ein Zeichen der Zeit. Der neuzeitige Schnellverkehr stellt andere Forderungen an unsere Straßen als der langsame Verkehr vor 25 Jahren, und mit den veränderten Anforderungen an die Straße und deren Befestigung sind auch die Interessen der anwohnenden Bevölkerung und des Steuerzahlers in Rücksicht auf die Straßenbeschaffenheit in hohem Maße verändert.

Mehr denn je nimmt die Straße eine Stelle im sozialen und wirtschaftlichen Leben ein und ihre Aufgaben sind umfangreicher als früher geworden.

Darum ist es auch in jeder Beziehung begründet, daß die Straße große Aufmerksamkeit erfährt, und eine natürliche Folge hiervon ist das Aufblühen der Straßenbautechnik. Denn die Kenntnis der hauptsächlich wirtschaftlichen Befriedigung der Verkehrsanforderungen war bis vor kurzem im allgemeinen unzureichend und bedeutet heute noch für Viele einen Punkt ernsten Studiums.

Von der technischen Seite besehen, ist es nicht so ganz einfach, in jedem besonderen Falle die beste Wahl zu treffen beim Entwurf eines Straßenbaues, und ebensowenig ist es technisch immer leicht, die zweckmäßigste und billigste Konstruktion für diesen Straßenbau zu finden.

Im allgemeinen kann man wohl sagen, daß bei Anlage und Unterhalt der Straßen die Behörden, die für die Geldmittel zu sorgen haben, wie auch die Leiter der technischen Ausführung schwierige Augenblicke durchmachen im Hinblick auf die zunehmende Stärke und Schnelligkeit des Verkehrs auf unseren Straßen. Und Viele meinen, daß die Verwendung von bituminösen Stoffen auf und in den Straßenbauten die Rettung bringen wird.

Nun hat die Verwendung von Asphalt und Teer bei Straßenbauten unzweifelhaft schon bewiesen, daß sie in vielen Fällen den Erwartungen ausgezeichnet entspricht. Hierzulande wurden bis vor kurzem darin noch Versuche gemacht, aber außerhalb unserer Landesgrenzen sehen wir Versuchsstücke von 20 Jahren und mehr alt, die uns den Mut geben, auch bei uns den bituminösen Weg einzuschlagen.

Entwicklung des Stampfasphalts. Die Asphaltperiode hat eigentlich schon im Jahre 1849 begonnen, als der französische Ingenieur Marion in der Nähe von Travers (Kanton Neuchâtel, Schweiz) zum ersten Male den Naturasphalt, wie er in der Erde dort gefunden wird, auf einem Fahrweg zur Verwendung brachte. Dies war die Geburtsstätte des Stampfasphalts.

Wenn wir der weiteren Entwicklung in großen Zügen folgen, sehen wir schon im Jahre 1854 den Asphalt in der Rue Bergère zu Paris als städtische Pflasterung. Es war gemahlener Naturasphalt, weiter unten als Stampfasphalt beschrieben. Im Jahre 1869 folgte London, 1877 Berlin und 1873 Amsterdam. Bei uns ist somit die Asphaltstraße noch kein halbes Jahrhundert alt.

Es ist bemerkenswert, wie verschiedenartig sich die Entwicklung des Stampfasphalts in den einzelnen Ländern gestaltet hat. Während er in London und Paris wenig Eingang fand, und zwar durch die Konkurrenz des Holzpflasters, wurde er in Berlin und anderen Städten Deutschlands bald in großen Flächen angelegt.

Am 1. Januar 1924 hatte Paris ungefähr $1^1/_4$ Million qm Stampfasphalt gegenüber 2 348 500 qm Holzpflasterung. Die Steinpflasterung war noch mit 5 379 310 qm vertreten, was mit einer Oberfläche von 6,4 Millionen qm, die sie noch am 1. Januar 1892 betrug, einen beträchtlichen Rückgang bedeutet, sobald man den Zuwachs im ganzen betrachtet.

Am 1. Januar 1923 hatten die Straßen von Paris eine Totaloberfläche von 16 807 900 qm, wovon 9 467 900 qm Fahrwege waren. Diese bedeutende Oberfläche von beinahe 1000 ha verteilte sich wie folgt:

Tabelle 1. Bestraßung von Paris Januar 1923.

Art der Pflasterung	Oberfläche in qm	In Prozenten
Pflastersteine	5 394 400	57
Holzpflaster	2 447 100	25,9
Asphalt	1 037 400	10,9
Steinschlag	589 000	6,2
Im ganzen	9 467 900	100,0

Tabelle 2. Bürgersteige von Paris Januar 1923.

Art	Oberfläche in qm	In Prozenten
Streichasphalt	4 984 150	67,9
Granitplatten	642 110	8,7
Pflasterung	152 220	2,0
Unbefestigt	1 561 520	21,4
Im ganzen	7 340 000	100,0

Asphalt machte Januar 1913 in Paris stark 5% der Totaloberfläche der Fahrstraßen aus. In 10 Jahren also eine Verdoppelung der Prozentzahl.

Bei dem neuen Straßenbauplan der Gemeinde Amsterdam, welcher in den Jahren 1924—1933 ausgeführt werden soll, ist auf eine zukünftige Asphaltoberfläche von 25% gerechnet. Zur Zeit beträgt diese erst 4,7%, aber durch fortwährenden Umbau von Pflaster- und Ziegelsteinstraßen in Asphaltpflasterung wird die Prozentzahl für Asphalt immer größer.

In Berlin hat man schon mehr als 30% Asphalt und sehr wenig Holzpflasterung.

Charlottenburg hat ungefähr 65% von der Gesamtoberfläche der Fahrstraßen mit Asphalt bedeckt! Schöneberg 57%!

Der Staat Kalifornien, wo es sich in der Hauptsache um Landwege handelt, kann bereits 75% aufweisen.

Im Jahre 1924 ist in Amsterdam ungefähr 84 000 qm Asphaltpflaster gelegt worden. Und nun ergibt sich folgende merkwürdige Gliederung der Arten:

Tabelle 3. Asphaltpflaster, gelegt im Jahre 1924 in Amsterdam.

Art des Asphalts	Oberfläche in qm	Prozente im ganzen
Sandasphalt mit Sand	36 000	42,9
„ „ Schlacken	20 000	23,8
Asphaltbeton (Topeka)	20 000	23,8
Stampfasphalt	7 000	8,3
Asphaltplatten	1 000	1,2
Total	84 000	100,0

Aus dieser Tabelle ersieht man einen beträchtlichen Rückgang des Stampfasphalts. Bis zum Jahre 1922 war in Amsterdam noch kein anderer Asphalt gelegt worden wie Stampfasphalt. Jetzt wird er wenig mehr gemacht.

Eine derartige Entwicklung sieht man auch in anderen Ländern. In Paris, wo man eine so große Vorliebe für Stampfasphalt hatte, tauchen andere bituminöse Straßenbauten auf.

Eine Übersicht der Neuanlagen der Stadtpflasterung in Paris gibt nachstehende Tabelle:

Tabelle 4. Neuanlagen von Straßenpflaster in Paris in qm.

Jahr	Großpflaster	Kleinpflaster	Holz	Stampfasphalt	Andere bitum. Pflaster	Zusammen in Prozenten
1921	59 000	12 560	14 400	85 160	—	171 120
1922	63 000	13 350	17 000	112 840	15 600	221 790
1923	116 350	32 100	40 800	209 900	66 370	465 520

Die Ursache für diesen Rückgang ist in dem Unterschied der Anlagekosten zu suchen. Der Stampfasphalt ist erheblich teurer wie die modernen Konstruktionen des Walzasphalts, ohne jedoch Eigenschaften zu besitzen, die ihm größere Vorzüge verleihen. Nur durch Herabsetzung der Kosten für die Grundstoffe des Stampfasphalts würden sich seine Aussichten zum Besseren wenden können. Im Augenblick ist aber der Stampfasphalt in unserem Lande der Schrittmacher für Sheetasphalt (Sandasphalt) gewesen.

In Ländern, die die Grundstoffe selbst besitzen, wird das Kostenverhältnis vielleicht etwas günstiger sein. Amerika und England dagegen machen nur einen sehr kleinen Prozentsatz von Asphaltstraßen in Stampfasphalt. Auf dem Festland von Europa ist er noch am meisten bekannt, und vor allem ist er in Deutschland in großen Oberflächen zur Verwendung gekommen.

Dennoch ist Stampfasphalt eine Stadtpflasterung geblieben. Die verschiedenen Asphaltstraßenkonstruktionen, die danach in Mode gekommen sind, haben sich mehr auf den Landstraßen ausgebreitet, während einige, und dies gilt besonders vom Sandasphalt, doch auch ganz besonders geeignet sind für Stadtpflasterung.

Die neueren Asphaltwege. Der Sandasphalt (Sheetasphalt) ist ursprünglich eine Erfindung des Belgiers E. J. de Smedt, der ihn in der amerikanischen Stadt Newark im Jahre 1870 zum ersten Male gelegt hat.

Diese Probe stand noch nicht auf der wissenschaftlichen Höhe der heutigen Asphalttechnik, hatte aber doch nach vielen Versuchen den großen Erfolg, daß bereits 1877 die große Pennsylvania Avenue in Washington mit diesem System bedeckt wurde.

Und danach hat dieses neuzeitige Pflaster eine derartige Ausbreitung gefunden, daß es sich in wenigen Jahren über Amerika und England verbreitet hat und daß die Hauptverkehrsstraßen mit dem stärksten Verkehr damit gepflastert werden.

Berühmt unter anderen ist der Sandasphalt der Fifth Avenue in Neuyork und der Thames Embankment in London, zwei der belebtesten Straßen der Welt.

Im Jahre 1923 wurde Sandasphalt zum ersten Male in den Niederlanden gelegt, und zwar auf der Nassaukade bei dem Overtoom in Amsterdam. Im Jahre 1924 wurde in Holland im ganzen an gewalzten Asphaltstraßen bereits ungefähr 400000 qm gelegt, und davon werden etwa 150000 qm Sheetasphalt oder damit verwandte Systeme sein. Der Rest besteht aus Steinschlagasphalt und Asphaltmakadam.

In den Niederlanden ist die Asphaltstraße in sehr kurzer Zeit volkstümlich geworden durch Einführung der Petroleumasphalterzeugnisse. Diese Bewegung nahm 1923 ihren Anfang und hatte zur Folge, daß schon in demselben Jahre große Flächen in neuzeitigen Asphaltkonstruktionen angelegt wurden, im ersten Jahre sogar in recht verschiedenen Arten:

1. a) Sandasphalt mit Sand,
   b) Sandasphalt mit Schlackensand aus der Müllverbrennung,
   c) Sandasphalt mit Sand und Steingrus,
2. Steinschlagasphalt.
3. Asphaltmakadam.

Das Ergebnis der Proben hierzulande ist günstig zu nennen. Für eine Verwendung auf Landstraßen würde der Stampfasphalt niemals in Betracht gekommen und auch nicht geeignet gewesen sein. Die neueren Bauarten dagegen fanden sofort Eingang, was z. B. stark hervortritt aus einer Verwendung der Provinzialverwaltung der Provinz Utrecht von ungefähr 20 km = 100 000 qm Asphaltbeton im Jahre 1924, vielleicht die größte Arbeit, welche jemals auf holländischen Wegen gleichzeitig unternommen worden ist.

Für diese plötzliche Verbreitung des Asphalts auf Landstraßen sind wohlbegründete Ursachen zu finden. An erster Stelle hat die Asphaltstraße im allgemeinen einen hohen Gebrauchswert. Die Beschwerden für eine ausgedehntere Verwendung betrafen in der Hauptsache: die hohen Kosten und seine Eigenschaft, bei nassem Wetter glatt zu sein.

Durch Verwendung des synthetischen Asphaltpflasters, welches im Gegensatz zum Natur- oder Stampfasphalt neben feinen mineralischen Bestandteilen auch gröbere enthält, ist die Klage über die Glätte größtenteils aufgehoben. Während z. B. Stampfasphalt nur eine Neigung von 2% vertragen kann, verwendet man Sandasphalt noch bei 4% und Steinschlagasphalt noch bei 5—6% Neigung. Der Sandasphalt behält immer einige Rauheit, dank der ziemlich großen und scharfen Sandkörner, die er enthält.

Die Klage über die Kosten ist bei Verwendung von Petroleumasphalt ebenfalls beträchtlich geringer geworden. Man kann jetzt beinahe für den Preis von Teersteinschlag Steinschlagasphalt erhalten, und auch bei den besseren Konstruktionen bleiben die Anlagekosten weit unter denjenigen des Naturasphalts.

Da man die Qualität nicht hinter die Naturasphaltkonstruktionen stellen kann, so liegt es auf der Hand, daß die Anwendung reißend schnell Eingang gefunden hat.

Bei Erwähnung der Vorteile moderner Asphaltpflasterung ist auch die große hygienische Bedeutung für die Umgebung hervorzuheben. In erster Linie ist die Straße an und für sich hygienisch und zweitens kann die Reinigung billig und bequem geschehen. In Amsterdam hat man daher auch viele Gassen und unansehnliche Volksstraßen aus diesem Grunde asphaltiert.

Schließlich ist die Anlage der neueren Asphaltstraßen-Konstruktionen so wenig zeitraubend, daß man nicht davor zurückzuschrecken braucht, sie im großen in Anwendung zu bringen. Sowohl durch die zweckmäßige Ausstattung wie durch die Tatsache, daß man nur bei den Penetrationssystemen (Tränkverfahren) besonders vom Wetter abhängig ist, kann man in kurzer Zeit große Oberflächen, sogar bis 1500 qm pro Tag, herstellen. Jedenfalls kann man die Mischsysteme während acht von den zwölf Monaten des Jahres anlegen: eigentlich kann nur schwerer Regenfall und Schnee Stagnation verursachen.

Einteilung. Wenn man die verschiedenen Arten der Asphaltstraßen in eine ungefähre Übersicht zusammenfassen will, kommt man zu folgender Aufstellung:

1. Stampfasphalt. Das von alters her bekannte Stadtpflaster.

2. Guß- oder Streichasphalt. Hierzulande mehr für Bürgersteige im Gebrauch, in anderen Ländern aber auch viel auf Fahrstraßen gelegt.

3. Plattenasphalt. Hierzu gehören die viereckigen Platten aus natürlichem Asphalt (Stampfasphaltpulver), wie auch die länglichen Platten mit gänzlicher oder teilweiser Verwendung von Petroleumasphalt, die hier als Asphaltblocks bekannt geworden sind.

4. Sandasphalt. Dieser kann mit Trinidad-Naturasphalt als Bindemittel gelegt werden oder mit Petroleumasphalt. In beiden Fällen kann dabei Sand oder Schlacke gebraucht werden oder auch eine Vereinigung beider. Auch kann feiner Steingrus der Mischung zugefügt werden, und spricht man dann in gewissen Kreisen von Topeka, welches auch als Vianova bekannt ist. In Deutschland dürfte der Name „verstärkter Sandasphalt“ am Platze sein.

5. Steinschlagasphalt oder Asphaltbeton. Hierbei erreicht man einen charakteristischen Qualitätsunterschied, indem man die Steinschlagmischung geschlossen oder nichtgeschlossen machen kann. Im ersteren Falle wird dies durch Zufügung von Sand und Füllstoff erreicht.

6. Asphaltmakadam. Wenn man die offenen Räume zwischen den Steinstücken vollkommen ausfüllen will, muß man dabei Naturasphalt verwenden: dies gilt bei den Systemen Nacovia und Penetrofalt.

Bei Verwendung von Petroleumasphalt strebt man nicht nach vollkommener Füllung, man braucht deshalb viel weniger davon.

Im folgenden sind die verschiedenen Systeme mit ihren besonderen Eigenschaften und Konstruktionsmethoden näher beschrieben.

III. Die Unterbettung von Asphaltstraßen.

Allgemeine Bemerkungen. Bei dem Bau von gewalzten Asphaltstraßen steht man vor einer neuen Frage in betreff der Unterbettung. Für Stampfasphalt gilt diese Frage nicht, weil man hierfür ausschließlich eine Betonunterlage von 15—20 cm Dicke als Unterbettung für möglich erachtet. Die neueren Asphaltstraßen sind dagegen an diese Betonunterlage keineswegs gebunden, und es gibt sogar Verhältnisse, bei denen man einer mehr elastischen Unterbettung den Vorzug gibt.

Um in einem bestimmten Falle die am meisten zu bevorzugende Konstruktion ausführen zu können, ist es nötig, die Vor- und Nachteile der vielen Möglichkeiten zu prüfen und für jeden Einzelfall seine besonderen Forderungen zu stellen und seine Wahl zu überlegen.

Auf die Wahl der Unterbettung haben verschiedene Faktoren Einfluß. Die Frage hat mehr Bedeutung, als es anfänglich scheinen mag. Hierbei ist die finanzielle Seite nicht die Hauptsache, wie es sonst gewöhnlich der Fall ist. Viel eingreifender ist die Wahl der Unterbettung in bezug auf die technischen Eigenschaften der verschiedenen Systeme.

Arten. Bei Untersuchung dieser Eigenschaften kann man zwei Gruppen von Unterbettungen unterscheiden: auf der einen Seite hat man die Betonunterlage, auf der anderen Seite die gewalzte Unterbettung von gebrochenem Ziegelstein oder Naturstein. Ob man die Betonunterlage nun 15 oder 20 cm dick macht, und ob man sie aus Eisenbeton herstellt oder nicht, und ob man diese Verstärkung mittels einfachem oder künstlich zusammengestelltem Netzwerk erreicht, dies bleibt im großen und ganzen das gleiche für die Wahl.

Der Charakter dieser Unterbettung wird durch derartige kleine Konstruktionsunterschiede nicht verändert. Die Betonunterlage ist immer, was man nennt, eine starre Unterbettung.

Im Gegensatz hierzu kann man die gewalzte Unterbettung eine elastische nennen. Sie zerbricht nicht bei Veränderung der Form, sie ist auch nicht so dicht und darum ein weniger guter Leiter für Geräusche und Erschütterungen.

Ob man eine derartige Unterbettung von harten Ziegelbrocken macht, die aus einer flachen Unterlage mit einer 10—20 cm dicken

Schüttung besteht, oder ob man die Unterbettung ohne Unterlage macht und die Ziegel insgesamt als Schüttung verarbeitet, es wird dadurch nichts am Charakter der Unterbettung verändert. Auch ändert sich ungefähr nichts, wenn man sie aus Natursteinen oder Schlacken macht, die man als Packlage geschlossen aneinandersetzt. In all diesen Fällen ist die gewalzte Unterbettung eine ziemlich geschlossene und feste steinartige Lage, die aus kleineren oder größeren Stücken harten Materials besteht, durch die Walze soviel als möglich zusammengepreßt und schließlich durch einen Füllstoff geschlossen gemacht wird.

Tragfähigkeit. Technisch besehen, hat man an erster Stelle die Tragfähigkeit einer Unterbettung zu beurteilen. Was dies betrifft, kann man die zwei Systeme gleichstellen, weil man die Dicke den Bodenverhältnissen und der Schwere des Verkehrs anpassen kann.

Wenn eine Betonunterlage von 15 cm als nicht ausreichend angesehen wird, so macht man sie 18 oder 20 cm stark, und ebenso kann man die gewalzte Unterbettung nach Bedarf verstärken. Und dann ist auf Grund der Erfahrungen mit gewalzten Unterbettungen mit Sicherheit anzunehmen, daß kein Verkehr zu schwer für diese Konstruktion ist. Allein auf Moorboden, wo der Walzendruck keinen Widerstand von unten her findet, ist eine gute gewalzte Unterbettung mühsam anzulegen, aber in diesem Falle weist auch die Betonunterbettung großes Risiko auf.

Wenn man in einem bestimmten Falle zu wählen hat zwischen beiden Arten, dann wird man in der Regel der gewalzten Unterbettung etwas größere Dicke geben als der Betonunterbettung. Gibt man letzterer 20 cm Stärke, so wird sie einer gewalzten Unterbettung von 25 cm gleichzustellen sein.

Der Untergrund spielt jedoch bei der gewalzten Unterbettung eine größere Rolle wie bei dem Beton. Auf einem alten Sandbett wird z. B. bei gleicher Dicke die gewalzte Unterbettung noch stärker sein wie Beton, weil das Sandbett und im allgemeinen der Untergrund bei einer gewalzten Unterbettung einen Teil der tragenden Konstruktionsteile der Straßenbefestigung ausmacht.

Eine alte Straßendecke von nur 10 cm Dicke wird z. B. in vielen Fällen eine ausgezeichnete Unterbettung sein können, weil das darunterliegende Sandbett im Verlauf der Jahre derartig zusammengedrückt worden ist, daß es als eine hartgewordene Lage anzusehen ist und einen Teil der Unterbettung darstellt. (Warum kann eine Ziegelsteinstraße ohne Unterbettung manchmal bis zu 4 cm Dicke abgenutzt werden? Weil das darunterliegende Sandbett so dicht und hart geworden ist, daß es als eine solide Unterbettung anzusehen ist.)

Technisches Risiko. Die Anlage einer Betonunterbettung bringt, technisch betrachtet, in allen Fällen mehr Risiko mit sich. Denn die

Stärke des Betons hängt in hohem Maße von der Güte des Zements und dessen Verarbeitung ab. Faktoren, wie Feuchtigkeitsgehalt, Frost, Bindezeit, Mischung usw. verursachen Sorgen. Kurz, die Betonunterbettung muß mit Sorgfalt angelegt werden. Bei der gewalzten Unterbettung ist dies alles viel leichter. Sie wird gleichsam bei der Anlage fortdauernd auf die Probe gestellt. Die Walze ist hierbei stets die Belastungsprobe, und wenn sie irgendwo infolge örtlicher Verhältnisse zu tief eindringt, dann muß man dafür dankbar sein, denn man kann sofort das Gleichgewicht wiederherstellen, indem man Reservematerial auffüllt und erneut unter die Probebelastung der Walze stellt.

Wenn man eine gewalzte Unterbettung in guter Form hat ausführen können, so ist dann auch ihre Tragkraft erwiesen und von örtlichen Einsenkungen kann dann keine Rede mehr sein. Wohl kann auf Moorboden der Straßenkörper in seiner Gesamtheit noch einsinken, und dieses Versacken kann ungleichmäßig auftreten. Bei einer derartigen Katastrophe wird die gewalzte Unterbettung in weichen Formen mitsacken, während die Betonunterbettung brechen und reißen wird. In bezug auf Verkehrssicherheit wird dann der Beton den kürzeren ziehen, auch wenn es Eisenbeton ist. Denn gerade die Eigenschaft, daß Beton örtliche Einsenkungen überbrücken kann, muß verhängnisvoll für ihn werden. Die Geschichte bucht hierüber bereits eine Anzahl von Unglücksfällen.

Das Nachrutschen wird bei einer gewalzten Unterbettung im allgemeinen erheblich geringer sein wie bei einer Betonlage, weil die Walze auch die Einsenkungen aufhebt. Die kleinen Nachwirkungen des Untergrundes verhütet man durch Gebrauch der Dampfwalze.

Verkehrshemmungen. In bezug auf Verkehrsstörungen unterscheidet sich die gewalzte Unterbettung vom Beton in der Weise, daß sie sofort nach Fertigstellung der Walzarbeit dem Verkehr wieder freigegeben werden kann. Eine fertiggewalzte Unterbettung wird einigermaßen primitiv den Verkehr befriedigen können. In jedem Falle verursacht der Verkehr der Unterbettung keinen Schaden. Die Betonunterbettung hat indessen ihre Bindezeit nötig.

Ein Vergleich zwischen den Zeiten, die beide Unterbettungen für die Anlage erfordern, ergibt wenig Unterschiede. Man kann per Tag keine größere Oberfläche in Beton herstellen als durch Walzen, während Vorbereitung und Bindezeit außerdem noch zum Nachteil von Beton ausfallen.

Isolierung. Wie steht es nun mit der Dichtigkeit der gewalzten Unterbettung. Sie ist porös: bei Asphaltstraßen hat diese Eigenschaft zwar keine Bedenken, weder in günstigem noch ungünstigem Sinne. Denn man darf nicht annehmen, daß Wasser durch die Decklage einen Weg nach unten sucht und ebensowenig wird Feuchtigkeit von Bedeutung in umgekehrter Richtung aufsteigen. Und wenn dies wirklich eintreten sollte, wird es die Decklage nicht beschädigen, auch nicht die feste Lage der Unterbettung benachteiligen.

Geräusche und Erschütterungen wird die Betonunterbettung nach Art eines Resonanzbodens in höherem Maße verursachen und fortpflanzen wie die dumpfe Steinunterbettung. In städtischen Straßen ist dies zweifellos von Bedeutung, für Landstraßen kann es ebensogut ein bedeutender Faktor sein: man denke nur an das Ungemach, das man in Häusern an großen Verkehrsstraßen durch den schweren Motorverkehr, besonders durch Frachtautos erleidet.

Zwischenlage. Größeres technisches Interesse beansprucht die Verbindung der Decklage mit der Unterbettung. Wenn man für den sog. Sandasphalt eine gewalzte Unterbettung verwendet, so ist es gebräuchlich, zwischen Decklage und Unterbettung eine Zwischenlage von Steinschlagasphalt anzubringen, die einen Übergang von der rauhen und sehr porösen Steinunterbettung zur feinkörnigen Decklage bildet. Diese Zwischenlage hat dann noch die wesentliche Aufgabe einer Verankerung zwischen Decklage und Unterbettung. Sie befördert in hohem Maße die feste Lage der Decke, namentlich wenn sie nicht ganz geschlossen, sondern mehr als offene Mischung gemacht wird. Dies „offen" hat dann die Bedeutung von ungefähr 10% offenen Räumen zwischen den Steinstücken der gewalzten Zwischenlage. Die Steinunterbettung hat nach dem Walzen ungefähr 20% Hohlräume, die mit einem Füllstoff, gewöhnlich mit Sand, manchmal auch mit einer mehr bindenden Mischung von Sand und Lehm oder einer kiesartigen Zusammensetzung ausgefüllt werden.

Verbindung. Die Zwischenlage wird warm auf den Weg gebracht und heftet sich an die Steinstücke der Unterbettung so fest an, daß von Verschiebungen keine Rede mehr sein kann, während zu gleicher Zeit ihre rauhe und einigermaßen poröse Oberfläche der Decklage, also dem Sandasphalt, einen starken Halt gibt. Dies ist von Bedeutung. Denn es ist ein allgemein vorkommendes Übel der gewalzten Asphaltstraßen, daß sie zu Wellenbildungen an der Oberfläche neigen. Jeder gewalzte Weg hat diesen Fehler mehr oder weniger. Bei einer Asphaltstraße jedoch und besonders beim Sandasphalt scheint sich dieses Übel in gewissen Fällen durch den Verkehr zu verschlimmern, so daß man irgendwelche Maßnahmen dagegen ergreifen muß.

Betrachtet man nun die Anheftung des Sandasphalts an der Betonunterbettung, so wird man feststellen, daß von einer festen Verbindung durchaus keine Rede sein kann. Die Decklage liegt lose auf der Unterbettung und ist somit wohl in der Lage, sich unter dem Druck des Verkehrs, der meist aus einer Richtung kommt, zu verschieben. Das Ergebnis kann sein, daß Wellen entstehen und sich verstärken. In den ersten Jahren sieht man sie nicht so stark auftreten. Sobald aber die Decke bis zu 2 cm Stärke abgenutzt worden ist, tritt das Verschieben und die Wellenbildung mehr und mehr ans Licht. Diese kriechende Bewegung der Sandkörner ist bei Verwendung einer Zwischenlage wesentlich abgeschwächt. Die Decke liegt hierbei fester und ruhiger, die ebene Fläche bleibt besser erhalten.

Nun wird man ohne Zweifel auf die Betonunterbettung auch mit viel Erfolg eine Zwischenlage auflegen können, indessen werden hierdurch einerseits die Kosten ziemlich beträchtlich erhöht, anderseits ist das feste Ankleben der Zwischenlage auf der Betonlage doch nicht zu erreichen. Das Letztere ist aber auch technisch keine so große Forderung — die Verankerung der Decklage ist von größerer Bedeutung.

Hat somit für die Instandhaltung einer ebenen Fahrbahn die Zwischenlage ihren Nutzen, so ist sie in anderer Beziehung auch noch von großer Bedeutung.

Sandasphalt auf einer Zwischenlage soll somit mit dieser ein Ganzes bilden. Er dringt zum Teile in die Zwischenlage ein und ist unverrückbar mit ihr verbunden. Will man den Sandasphalt aufbrechen, so ist dies nicht möglich, ohne ein Stück der Zwischenlage mit aufzubrechen. Hieraus folgt, daß man die Decke bis auf die Zwischenlage hinab vollkommen abnutzen kann.

Man wird also die Decke total abnutzen können bis man an die Zwischenlage gekommen ist. Man hat daher einen Maximalverbrauch der Decklage. Auf einer Betonunterbettung, auf der als Regel keine Zwischenlage verwendet wird, ist dies anders. Man hat hier kein festes Ankleben, und man wird daher den untersten Zentimeter, vielleicht auch 2 cm der Decke, nicht verbrauchen können. Vor dem Totalverschleiß wird eine derartige Formveränderung oder Abbröcklung eintreten, daß man zur Erneuerung schreiten muß, bevor die Decklage insgesamt verbraucht worden ist.

Man hat hier somit nicht den Maximalgebrauch der vollen Dicke der Decklage. Um gleiche Lebensdauer zu erzielen, wird man daher die Decklage auf einer Betonunterbettung 1—2 cm dicker machen müssen wie auf einer gewalzten Unterbettung mit Zwischenlage. Man kann dies übrigens auch allgemein beobachten. In Amsterdam wird z. B. Sandasphalt auf Beton 5 cm dick gemacht und auf einer Zwischenlage 4 cm. Hierbei hat die Zwischenlage eine Stärke von 4 cm.

Kosten. Nach dieser technischen Betrachtung muß man die finanzielle Seite der beiden Systeme prüfen. Welche Unterbettung die billigere ist, kann nicht mit einem Wort gesagt werden. Wenn man Ziegelbruch zur Hand hat, wird die gewalzte Bettung billiger sein. An Plätzen, wo Beton billig hergestellt werden kann und wo bei Mangel an Ziegelbruch Natursteine angefahren werden müssen, wird der Preisunterschied nicht groß sein. Um aber im allgemeinen einen Vergleich zu machen, könnte man sagen, daß die Betonunterbettung ohne Zwischenlage ebensoviel kostet wie die Ziegelsteinunterbettung mit Zwischenlage. Muß man das Material für die Unterbettung kaufen, dann wird im allgemeinen die gewalzte Bettung mit der zugehörigen Zwischenlage etwas teurer sein. Diese Mehrkosten werden indessen wieder ausgeglichen, weil Sandasphalt auf einer Zwischenlage mindestens 1 cm dünner sein kann wie auf der Betonunterbettung.

Wenn nun in den Kosten kein Unterschied von Bedeutung liegt, dann stehen vom technischen Gesichtspunkte aus eine ganze Anzahl von Vorteilen auf Seite der gewalzten Unterbettung. Sie liefert ein Asphaltpflaster von höherem Wert. Ist man in der Lage, wählen zu können, so wird die Wahl nicht schwer fallen.

Die verschiedenen Vorteile der gewalzten Unterbettung kommen deutlich zum Ausdruck in der wachsenden Anwendung, welche sie in Amsterdam gefunden hat: während dort früher diese Unterbettung absolut nicht vorkam und 1924 noch 43% der totalen Oberfläche in Beton gemacht wurde, beträgt der Prozentsatz für 1925 nur noch 4,8%. Die Betonunterbettung findet dort also fast keine Anwendung mehr.

Folgerungen. Auf Grund vorstehender Betrachtungen kommt man zu folgenden Schlüssen:

1. Die Widerstandsfähigkeit einer Betonunterbettung und einer gewalzten Unterbettung kann auf gleiche Stufe gestellt werden.

2. Die gewalzte Unterbettung läßt kleine Formveränderungen ohne Schaden zu, die Betonunterbettung nicht.

3. Die Betonunterbettung bringt, technisch betrachtet, ein größeres Risiko mit sich wie die gewalzte Unterbettung.

4. Die Bauzeit ist für beide Arten die gleiche.

5. Die gewalzte Bettung liefert ein geräuschloseres Pflaster wie die Betonbettung.

6. Die gewalzte Bettung ist elastischer und dämpft Stöße und Erschütterungen ab, was die Betonbettung weniger tut.

7. Die Porösheit der gewalzten Bettung ist kein Nachteil.

8. Die gewalzte Bettung fordert eine Zwischenlage, die Betonbettung nicht.

9. Die Zwischenlage ist technisch von großer Bedeutung und würde auf der Betonbettung auch nützlich sein können.

10. Die Anlagekosten laufen im allgemeinen nicht viel auseinander.

11. Steht Ziegelbruch zur Verfügung, so ist die gewalzte Bettung billiger.

12. Die gewalzte Bettung liefert mit der Zwischenlage einen Straßenbau von höherem Gebrauchswert.

13. Eine gewalzte Bettung verursacht keine Risse in der Asphaltdecke.

IV. Seitliche Einfassung von Asphaltwegen.

Allgemeine Bemerkungen. Die Decklage mit bituminösen Bindemitteln bleibt in gewissem Sinne eine plastische Masse. Fortdauernden Stößen und Schwingungen durch den Verkehr unterworfen, hat sie mehr als irgendeine andere Straßendecke Neigung zu seitlicher Ausweichung — zur Verbreiterung.

Sobald sie zwischen feste Begrenzungen eingeschlossen wird, wie gepflasterte Bermen, Trottoirs, Rinnsteine mit hartem Gegenlager oder ähnliche feste Arbeiten, dann ist keine Hilfe mehr notwendig.

Anders liegt der Fall. wenn dergleichen Anlagen nicht vorhanden sind; dann muß die seitliche Einschließung auf besondere Weise hergestellt werden. Hierfür sind zur Zeit hauptsächlich zwei Methoden in Gebrauch: Bordsteine und Betoneinfassung. Welche der beiden am besten ist, ist im allgemeinen nicht direkt zu sagen. Beide Arten haben ihr Für und Wider, was aus Nachstehendem hervorgehen wird.

In besonderen Fällen können weniger kostspielige Einfassungen, wie senkrecht gestellte oder in der Längsrichtung liegende Ziegelsteine, ausreichend sein. Jeder Einzelfall muß besonders behandelt werden: als Regel muß aber gelten, daß jede Asphaltdecke eine seitliche Einfassung, die entweder aus Natursteinen oder aus Kunststeinen besteht, erforderlich macht.

Bordsteine. Die Bordsteine werden aus Natursteinen angefertigt, sind rauh behackt und mit geraden Ecken und Flächen versehen. Ihre Abmessungen sind voneinander abweichend, insbesondere ist in der Länge großer Spielraum gelassen. Die normalen Maße betragen: 30—50 cm lang, 8—10 cm dick oder breit, 25—30 cm hoch. Die Längen schwanken zwischen 20 und 80 cm, Breite und Höhe halten sich an engere Grenzen.

Die normalen Größen und Abmessungen gibt folgende Tabelle an:

Tabelle 5. Abmessung von Grauwackebordsteinen.

Länge in cm	Breite in cm	Höhe in cm	Anzahl laufende Meter für 10 t
30—50	8—10	20—25	220
30—50	8—10	25—30	180
30—50	10—12	25—30	160
30—50	10—12	30—35	130

Da der Preis dieser Bordsteine ihrem Gewicht entspricht, so ergibt sich aus obenstehenden Angaben für Anzahl der laufenden Meter für 10 t, daß die schwere Sorte beträchtlich teurer wie die leichte ist. Die Tabelle bezieht sich auf Grauwacke. Gebraucht man Basalt, so verringert sich die Anzahl der laufenden Meter um 10%, während belgischer Hartstein (petit granit) ungefähr mit Basalt übereinkommt. Deutscher und schwedischer Granit haben etwa das gleiche Gewicht wie Grauwacke.

Das am meisten verwendete Material für Bordsteine ist Grauwacke, weil sie hierzulande im allgemeinen am billigsten und in der Qualität als ausreichend zu betrachten ist. Im Süden unseres Landes wird noch belgischer Hartstein verwendet, wenn er auch einen schlechtgeformten Bordstein liefert. Auch wird in einzelnen Bauanschlägen wohl noch Basalt oder Granit vorgeschrieben oder zugelassen. Der Basaltbordstein kann besonders schön in der Form sein, wenn er aus Steinbrüchen mit Platten- oder Tafelbasalt stammt. Sie sind aber ziemlich kostspielig, weil für uns in Holland die Frachten für diese Sorte Basalt reichlich hoch sind. Grauwacke ist ein brauchbares und gutes Material. Er liefert Bordsteine von guter Form. Granit wird hier wenig gebraucht, er ist, ebenso wie Basalt, in den meisten Fällen zu teuer und auch zu gut für diese Zwecke. Für Fußgängereinfassung dagegen ist er ein sehr gesuchtes Material.

Betoneinfassung (Betonbänder). Ein anderes System für die seitliche Einschließung bilden die Betonbänder. Sie haben den gleichen Zweck wie die Natursteine, werden auf der Arbeitsstelle hergestellt und bestehen meist aus leichtem Eisenbeton. Die Dicke schwankt zwischen 10 und 15 cm, die Höhe zwischen 25 und 40 cm, je nach der Stärke der gelegten Straßendecke und der Art der anschließenden Bermen. Der Eisenbeton enthält meist 3—4 Längsdrähte von 6 mm Stärke, die in Zwischenräumen von 30—40 cm durch senkrechte Stäbe der gleichen Stärke untereinander verbunden sind, die aber 5—10 cm kürzer wie die Höhe des Betonsteins sein müssen. An Stelle von dichtgeflochtenem Netzwerk wird auch wohl elektrisch gewellte Gaze von gleichen Abmessungen verwendet. Nun ist es nicht ganz einfach, zu sagen, welches dieser beiden Systeme den Vorzug verdient. Da man aber das Für und Wider beider Arten kennen muß, wenn man die richtige Wahl treffen will, so werden wir die hervortretenden Eigenschaften beider näher untersuchen müssen.

Oberflächlich besehen hat das Betonband viele Vorteile. Es liefert eine straffe Linienführung, die unstreitig dem Längenprofil des Weges zugute kommt. Auch ist die Geschlossenheit der seitlichen Einfassung eine beachtenswerte Eigenschaft, weil örtliche Abweichungen von der geraden Einfassung nicht vorkommen werden und die Randlinie nach dem Abbinden vortrefflich aussieht. Dabei ist vorausgesetzt, daß die Einfassung durch den seitlichen Druck der Walze nicht verändert wird. Leider zeigen sich aber Fälle, bei denen die Betoneinfassung dem seitlichen Druck der Walze nicht gewachsen ist. Es kommt auch vor, daß das Betonband bricht, woraus dann meistens eine seitliche Ausbauchung entsteht. Die Armierung des Betons verhindert dann wohl den totalen Durchbruch, aber der Beton ist gerissen und das Betonband ist dann doch um einige Zentimeter nach außen gedrückt. Indessen ist diese Erscheinung noch nicht so besonders ernst. Unangenehmer ist die Tatsache, wenn das Betonband beim Walzen der Unterbettung durch den Druck gegen die Seite und untere Kante nach oben gepreßt wird. Das ist nicht wieder gutzumachen, es sei denn, daß man Gefallen daran findet, die überschüssige Höhe am oberen Rand abzuhacken, ein Verfahren, das nicht gerade schön genannt werden kann, auch nicht praktisch ist, denn man erreicht damit, daß die senkrechten Drahtstäbchen der Armierung teils ganz, teils dicht an die Oberfläche geraten, wo sie den Gummireifen gefährlich werden können.

Hiermit kommen wir an die Schattenseiten der Betonbänder: ihre Ungeeignetheit, sie wieder neu zu setzen. Wenn man die Bordsteine aus Naturgestein mit der Walze beiseite drückt, kann man sie nach Abwalzung der Unterbettung und der Decklage wieder gerade richten, und wenn sie etwas zu hoch stehen, so läßt man einfach das Walzenrad beim Abwalzen der Decklage darüberlaufen. Auf diese Weise kommt dann die Oberfläche des Weges mit der oberen Kante des Bordsteins in gleiche Höhe und beide liegen gut aneinandergeschlossen. Sie werden gleichzeitig nach unten gewalzt und bilden nahezu ein Ganzes.

Bei den Betonbändern dagegen wird die Decklage unabhängig vom Betonband gewalzt. Man muß mit der Walze das Band soviel wie möglich vermeiden, denn wenn man darüber hinwalzt, ist die Aussicht auf Beschädigung sehr groß. Zerstörung der Oberfläche, Abbröckelung der Ecken und selbst Bruch in senkrechter Richtung sind häufig vorkommende Erscheinungen.

Höhenbestimmung. Das größte Bedenken gegen den Gebrauch von Betonbändern ist aber unzweifelhaft ihre feste Höhenlage. An sich ist das natürlich eine gute Eigenschaft: bei Ausführung des Wegebaues können aber dadurch große Schwierigkeiten entstehen.

In besonderem Maße tritt dieser Nachteil bei Neuanlage von Wegen in Erscheinung, und zwar bei Bestimmung der Ausgrabungstiefe für die zu legende Fahrbahn. Man muß dann mit einer ganzen Anzahl von unsicheren Faktoren rechnen und es ist große Erfahrung und viel Glück nötig, um dann bei normaler Ausgrabungstiefe genau mit der oberen Fläche des Betonbandes zurechtzukommen. Einmal ist nicht genau festzustellen, wieviel der Untergrund unter dem Druck der Walze noch einsinken wird, zum anderen ist es unsicher, wieviel das Steinmaterial in den Boden gedrückt wird, ferner ist nicht genau bekannt, wie stark der Steinschlag unter der Walze zusammengepreßt wird, und schließlich besteht die kaum zu verhindernde Möglichkeit, daß das Betonband durch den Druck von unten und der Seite in die Höhe gedrückt wird. Vor allem ist das Nachsacken des Bodens unsicher. Besonders wenn dieser aus Lehm besteht, ist bei nassem Wetter keine Grenze zu ziehen. Ein fester Sandboden dagegen bringt wenig Überraschungen. Nun kann man, wenn die Unterbettung unter der Walze zu tief zu liegen kommt, durch dauernde Auffüllung natürlich die gewünschte Höhe wohl erreichen, aber damit sind dann ziemlich große Kosten verbunden. Dagegen erhält man eine zu geringe Hartschicht, sobald die Einsinkung und Zusammenpressung in geringerem Maße Platz greift, wie man gerechnet hatte. Will man von vornherein die Höhenverminderung der Hartschicht ungefähr bestimmen, so kann man annehmen, daß die Hartschicht im ganzen ungefähr 5 cm nach unten gedrückt wird und daß sie durch das Walzen 25% ihrer Dicke verliert. Bei neuen Anschüttungen und bei Lehmboden können die hier genannten 5 cm sich mehr als verdoppeln. Wesentlich günstiger stellt sich diese Höhenfestsetzung bei Verwendung einer alten Hartschicht als Unterbettung. Hierbei hat man kein Nachsacken und keine Einsinkung zu erwarten und die neue Decklage wird nicht wesentlich in die alte Hartschicht eingedrückt. Nur bei Verbreiterung der Unterbettung muß man auf die neuen Streifen des Baues sorgsam achten.

Folgerung. Aus Obenstehendem kann man den Schluß ziehen, daß, allgemein gesprochen, dem leicht zu ersetzenden Naturbordstein der Vorzug gegeben werden muß. In vielen Fällen wird er wohl mit gutem Erfolg durch das Betonband ersetzt werden können, in Einzelfällen muß man es sogar verwenden. Die Möglichkeit hierzu muß in jedem besonderen Fall technisch und praktisch einer Prüfung unterzogen werden.

V. Der Straßenquerschnitt. Die Kurven. Das Gefälle.

Der Straßenquerschnitt. Die Asphaltstraße hat eine glatte Oberfläche, das Regenwasser kann daher ungehindert und schnell seitlich abfließen. Hieraus folgt, daß man mit kleinem Querschnitt auskommen kann. Je glatter und dichter die Straßendecke, um so geringerer Querschnitt ist erforderlich.

Anderseits darf nicht übersehen werden, daß die Gesamtheit der auf den Weg fallenden Wassermenge auch gut abgeführt werden muß, weil die Straßendecke undurchlässig ist. Die Decke selbst nimmt kein Wasser auf, wie es z. B. bei Pflasterung oder bei Makadam der Fall ist. Die Folge hiervon ist wieder, daß jede Unebenheit in einer Asphaltdecke bei Regen sichtbar wird und Veranlassung zu Pfützen geben kann. Auf Grund dieser Tatsache ist es nicht ratsam, den Querschnitt auf das geringste Maß zu bringen, im Gegenteil, man muß soviel Querschnitt anwenden, wie der Verkehr, ohne ihn zu hindern, ertragen kann. Ein gewisses Quergefälle ist nun einmal ein notwendiges Übel für eine Straßendecke, es ist nur schwer, die Grenze zu ziehen, wie weit die Notwendigkeit des Quergefälles geführt werden darf.

Die Frage ist: Wo liegt die Grenze? Für einen guten Asphaltweg ist 2 cm per Meter oder 2% des Quergefälles der Straßendecke vielleicht ausreichend: im allgemeinen kann man sagen, daß selbst 3 cm noch nicht schädlich sind. Ein Querprofil von 3% ist für den Verkehr noch nicht hinderlich und im Wagen merkt man das Gefälle kaum.

Bei dem hierzulande allgemein gebräuchlichen Querschnitt, wobei die Oberfläche eine bogenförmige Gestaltung hat, erreicht man keine gleichmäßige Wasserableitung und erhalten die Außenseiten der Decklage zuviel Neigung. Dies kann bei Benutzung der Seiten des Weges, wie z. B. beim Ausweichen, von Nachteil sein.

Bei breiten Wegen hat man deshalb ein dachförmiges Profil vorgezogen, und das hat seine Vorzüge. Man erhält dann zwei gleichmäßig abfallende Flächen, die in der Mitte in 1—2 m Breite durch einen Bogen miteinander verbunden sind. Ist der Weg schmaler als 4 m (was eigentlich nicht mehr vorkommen sollte), hat es keinen Sinn mehr, diesen Querschnitt anzuwenden, man kann dann besser das gewöhnliche bogenförmige Profil behalten.

In bezug auf das Querprofil kann man auch das Längsgefälle in Rücksicht ziehen. Wege mit Gefälle verlangen sehr geringes Querprofil. In Kurven ändert sich der Querschnitt stark, weil dann ein ganz besonderes Profil notwendig ist.

In Normalfällen und bei flachen Wegen ist bei Anwendung des bogenförmigen Profils $^1/_{60}$ der Breite nicht übertrieben. Ein Asphaltweg von 6 m Breite erhält dann 10 cm Quergefälle.

Bei Anwendung des dachförmigen Profils würde ein Weg von 6 m Breite und bei einer seitlichen Wasserableitung von 3% in der Mitte ungefähr 8 cm höher liegen wie die Ränder: 3% von 3 m ist 9 cm, hiervon geht 1 cm ab durch die Abplattung in der Mitte.

Sandasphalt (Sheetasphalt) und auch der moderne Streichasphalt können etwas flacher gelegt werden als Steinschlagasphalt (Asphaltbeton) und Asphaltmakadam. Erstgenannte Bauart ist etwas dichter und feiner in der Korngröße, aber sie kann auch sorgfältiger profiliert werden, so daß Unebenheiten weniger oft zu befürchten sind.

Kurven. Die Kurven in einem Asphaltweg sollten ohne zwingenden Grund nicht schärfer als mit einem Radius von 250 m angelegt werden. Der moderne Verkehr fordert freie Aussicht und weiche Kurven. Außerdem muß das Straßenprofil in den Kurven eine derartige Form erhalten, daß bei normaler Schnelligkeit die Wagen nicht seitlich abgleiten infolge der Zentrifugalkraft. Und da ein Fahrzeug in Kurven eine breitere Fahrbahn einnimmt als auf der Geraden, ist auch eine Verbreiterung in einigermaßen scharfen Kurven notwendig.

Der Schnellverkehr fordert in der Kurve sowohl Erhöhung der Außenseite wie auch Verbreiterung der Fahrbahn. Da auf den meisten Wegen auch noch langsamer Verkehr vorkommt, kann man deshalb nicht nach genau feststehenden Grundsätzen verfahren, wie es z. B. bei Anlage von Eisenbahnen in Kurven möglich ist: man wird aber einen Kurvendurchschnitt zu wählen haben, der dem Schnellverkehr befriedigende Sicherheit bietet und dem langsamen Verkehr, wo keine mittelpunktfliehende Kraft wirkt, noch keine Nachteile verursacht.

Eine Ausnahme dieses Normalfalles bildet die in der letzten Zeit hier und da angelegte Automobilstraße, speziell für Schnellverkehr.

Als Maximum des Querprofils ist in Rücksicht auf den Pferdezug für eine Asphaltstraße bei 4% die Grenze zu erblicken. Dieses Höchstmaß kann man in den schärfsten Kurven anwenden und den Weg mit einseitiger Wasserableitung anlegen. Die Außenseite des gebauten Weges kommt somit 4% der Straßenbreite höher zu liegen als die innere Seite. Der Übergang vom normalen Profil zum Kurvenprofil kann bei den Tangentenpunkten der Kurve oder auch etwas früher anfangen.

Bei einer Straßenbreite von 5 m wird das Quergefälle also 20 cm betragen, bei 6 m 24 cm. Zur Vermeidung des langen Weges, den das

Wasser zum seitlichen Abfluß in derartigen Kurven zurückzulegen hat, kann man den äußeren Rand der Straße in einer Breite von 0,50—1 m auch wohl nach außen wasserableitend anlegen, weil man annehmen kann, daß dieser Streifen nur in seltenen Fällen benutzt wird.

Die obengenannte Maximalverkantung wendet man in Kurven mit einem Radius von 100 m oder weniger an. Von 100—250 m Radius kann man in gleicher Weise bis zur Hälfte heruntergehen und bei Kurven mit 500 m Radius läßt man die Verkantung ganz fort.

Was die Verbreiterung des Weges in den Kurven angeht, kann man Kurven von 250 m Radius in der gewöhnlichen Breite anlegen. Bei einer Kurve mit 50 m Radius wird man gut tun, die Breite um 20% zu vergrößern, und dazwischen kann man nach Umständen handeln, auch in Verbindung mit dem vorhandenen Raum in der inneren Kurve.

Das Gefälle. Der moderne Asphaltweg ist nicht so glatt wie der Stampfasphalt. Konnte man diesen grundsätzlich nicht bei Neigungen anwenden, die stärker wie 2% oder höchstens 2½% waren, so legt man den Sandasphalt bis zu 4% und unter Verwendung von gemahlener Abfallschlacke sogar bis zu 5%. Die südliche Rampe der Koekjesbrücke in Amsterdam hat ein Gefälle von 5,4% und ist in Clinckerasphalt (Schlackenasphalt) ausgeführt. Früher lag hier eine Pflasterung, über die bei Glätte fortdauernd geklagt wurde. Jetzt, nach der Asphaltierung, hört man keine Klagen mehr.

Der Schweizer Ingenieur Steiner (der wissen kann, was Gefälle bezeichnet!) gibt in seinem Bericht für den Internationalen Straßen-Kongreß 1923 als Maximalgefälle für Stampfasphalt 2,5%, für Sandasphalt 4% und für Streichasphalt 4½% an.

In England und vor allem in Amerika legt man noch Asphalt, auch wenn die Wegestrecken noch viel steiler sind. So spricht z. B. Richardson von Wegestellen, die selbst bis zu 17% Gefälle haben. Jedenfalls, sagt er, ist 8% für warme Gegenden und 10—12% für ein mittleres Klima recht gut möglich und ist die alte Ansicht von 4—5% ein Irrtum.

Für Verwendung von Asphaltdecken auf Wegestrecken mit Gefälle sind natürlich eine ganze Reihe von Umständen mitbestimmend. In erster Linie ist die Länge der Neigung und dann auch die Art des Verkehrs maßgebend.

Eine kurze Neigung kann steiler sein wie eine lange, und für vorzugsweise Pferdezug muß das Gefälle weniger steil sein wie für Motorverkehr.

Auf Grund der Erfahrungen in Amerika wird man aber gut tun, sich nicht zuviel Sorgen zu machen über die Steigungen. Fälle, daß Asphalt in zu steiler Neigung gelegt worden ist und deshalb den Verkehr erschwerte oder behinderte, sind hierzulande noch nicht vorgekommen.

VI. Stampfasphalt.

Allgemeines. Der Stampfasphalt ist im Augenblick ziemlich in den Hintergrund gedrängt. Es wird die Frage sein, ob diese Zurückdrängung lange standhalten wird, wohl aber liegt für die Straßenbauverwaltung bei dem augenblicklichen Zustand der Technik und bei den herrschenden Preisen auf diesem Gebiet keine Veranlassung vor, Stampfasphalt anzulegen. Es geschieht darum auch weniger aus technischen Gründen wie aus dem Wunsche nach Vollständigkeit, wenn dieser Art von Asphaltdecke noch einige Seiten gewidmet werden.

Im Stampfasphalt finden wir die älteste Verwendung des Asphalts auf Straßen. Vor ungefähr 50 Jahren wurde in den Hauptstädten Europas damit begonnen. Zuerst trat Paris 1854 in der Rue Bergère damit auf, Amsterdam 1873. Es ist also auch noch ein verhältnismäßig junges System, und wenn es jetzt schon den Kampf ums Dasein mit den neuzeitigen Konstruktionen antreten muß, dann ist seine Glanzzeit von nur kurzer Dauer gewesen. Inzwischen sind in diesen 50 Jahren Millionen von Quadratmetern angelegt worden, und es ist wohl keine Stadt von Bedeutung zu finden, die nicht eine Straße in Stampfasphalt aufweisen kann. In den weitaus meisten Fällen lieferte der Stampfasphalt ein gutes und dauerhaftes Stadtpflaster. Es wird aber sowohl in technischer wie auch in finanzieller Hinsicht jetzt durch die neuzeitigen Asphaltkonstruktionen übertroffen.

Herstellung. Die Herstellung von Stampfasphalt ist recht einfach. Auf die Betonunterbettung von 15—20 cm Dicke wird die Asphaltlage gelegt, die nach der Fertigstellung eine Stärke von 4—6 cm hat.

Zu diesem Zwecke wird das nachstehend näher beschriebene Asphaltpulver auf eine Temperatur von 100—150° C gebracht und als eine Art trockenes Mehl auf die Betonlage ausgebreitet. Die Dicke der aufgebrachten Pulvermasse muß fast doppelt so groß sein wie die gewünschte Stärke selbst nach dem Walzen. Will man z. B. 5 cm Stärke nach dem Walzen erreichen, muß man bis zu einer Dicke von ungefähr 8 cm ausbreiten, weil die aufgelegte Schicht etwa 40% bei der Bearbeitung einbüßt. Weiter kann man annehmen, daß der Verkehr noch eine weitere Zusammenpressung von etwa 10% bewirkt, so daß schließlich nach Verlauf eines Jahres sicher nicht mehr als die halbe Stärke der ursprünglich aufgelegten Decke vorhanden ist.

Nachdem das warme Pulver gleichmäßig verteilt und wagerecht abgestrichen ist, wird die Lage leicht gestampft und mit warmen Handwalzen von etwa 50—100 kg festgewalzt. Danach wird sie noch einmal tüchtig und fest gestampft und schließlich mit einer Handwalze von 600—800 kg übergewalzt. Nach dieser Behandlung hat die Decke noch eine ziemlich rauhe und poröse Oberfläche, die man mit warmen Streicheisen an langen Stielen unter starkem Aufdrücken glattstreicht. Nach der Abkühlung kann dann der Asphalt dem Verkehr freigegeben werden.

Eine Merkwürdigkeit von jedem Asphaltpflaster, das auf den Weg gelegt wird, besteht darin, daß es unter dem Verkehr sich weiter zusammenpreßt. So auch bei Stampfasphalt. Neuer Stampfasphalt hat ein spezifisches Gewicht von 2,05, und wenn er 10 Jahre in der Straße gelegen hat, beträgt es 2,25—2,35. Hieraus geht die Verdichtung des Materials, die es unter dem Verkehr erleidet, hervor.

Diese Verdichtung oder Nachkomprimierung hat zwei Folgen: Der Asphalt erhält mehr Widerstandskraft gegen den Verschleiß, und er wird härter. Diese letztere Eigenschaft hat wieder zur Folge, daß die Risse, die stets in der Betonunterbettung auftreten, auch in der Asphaltlage sichtbar werden. Während der ersten 5 Jahre scheint der Stampfasphalt so viel Elastizität zu besitzen, daß er diese Formveränderung im Beton aushalten kann: sobald aber die oben beschriebene Verdichtung eine gewisse Grenze erreicht hat, scheint er brüchig zu werden. Die Abbröckelung des Stampfasphalts ist aber nur dann möglich, wenn die Lage dünn und hart geworden ist. Diese Erscheinung deutet dann auch in der Regel auf das Ende der Decklage hin.

Man hat übrigens erkannt, daß der Stampfasphalt die hier besprochene Verdichtung dringend nötig hat. Die relative Porösität von neuem Stampfasphalt ist die Ursache der geringen Haltbarkeit. Er nimmt Wasser auf, und dies schadet, besonders bei Frost, dem Gefüge an sich. Stampfasphalt braucht daher Verkehr, am besten starken Verkehr, übrigens genau so wie jede andere Asphaltdecke.

Über die Lebensdauer des Stampfasphalts haben wir ausreichende Unterlagen. Der erste Stampfasphalt in Amsterdam wurde in der Kalverstraße im Jahre 1873 gelegt in der Dicke von 5 cm nach dem Walzen. Im Jahre 1892 mußte er erneuert werden. Es ist eine bekannte Tatsache, daß Stampfasphalt am meisten durch den Fußgängerverkehr abgenutzt wird. In Geschäftsstraßen und auf stark begangenen Bürgersteigen kann er dann auch bei einer Dicke von 5 cm gewöhnlich nicht länger wie 20 Jahre halten.

Asphaltpulver. Der Hauptbestandteil bei Stampfasphalt ist natürlich das Asphaltpulver, welches für Anlage der Decke gebraucht wird. Es ist gemahlener Asphaltkalkstein, der in verschiedenen Weltteilen, jedoch vornehmlich in Europa gefunden wird. Daß sich die Hauptstellen auf unserem Kontinent befinden, ist dann auch wohl der Hauptgrund dafür, daß Stampfasphalt in Amerika und selbst in England wenig Eingang gefunden hat.

Bekannt sind die Gruben für Asphaltbeton im „Val de Travers", Kanton Neuchâtel (Schweiz), Seyssel-Pyrimont im Süden von Frankreich, Lobsann im Elsaß, Vorwohle in Braunschweig, Limmer in Hannover wie auch die Fundstellen in Sizilien. Auch in Nordamerika kommen einige Gruben vor, diese liefern jedoch einen Asphaltstein von sehr verschiedener Qualität, besonders was den Gehalt an Bitumen betrifft. Während die Gruben auf unserem Kontinent Asphaltgestein mit einem Bitumengehalt von 8—10% ihres Gewichtes liefern, wechselt dieser Prozentsatz bei den amerikanischen Sorten von 3—36%.

Der gemahlene Asphaltstein muß ganz bestimmte Eigenschaften besitzen, ein besonders wichtiger Faktor ist sein Bitumengehalt. Diesen muß man in erster Linie untersuchen und, falls erforderlich, ändern. Ist er zu klein, kann ein fetteres Asphaltsteinpulver hinzugefügt werden, und für den seltenen Fall, daß der Asphaltstein zu fett ist, muß er mit mageren Sorten vermischt werden.

Wenn man die städtischen Stampfasphaltstraßen besichtigt, erkennt man darin in der Regel zwei deutlich hervortretende Übelstände: Unebenheiten und Zerbröckelungen. Der erstere ist meistens die Folge eines zu bitumenreichen Asphaltpulvers, das bei großer Hitze aufquillt und dadurch dauernd runzlich ist. Die Zerbröckelung ist, abgesehen davon, daß es eine Alterserscheinung ist, oft eine Folge von Rissen in der Betonunterbettung, manchmal ist auch die Zusammensetzung des Asphaltpulvers schuld daran.

Stampfasphalt ist glatter wie der später zu erwähnende Sandasphalt, besonders wenn Schlacken darin verarbeitet werden. Im übrigen aber ist und bleibt der Stampfasphalt eine vortreffliche Stadtpflasterung. Die Anlage erfordert ziemlich viel Zeit, per Tag werden durch eine Schicht nur 200—250 qm fertiggestellt; er ist darum für große Oberflächen, wie auf Landwegen, nicht geeignet. Übrigens macht der Preis ihn auch weniger geeignet für diese Verwendung. Der Sandasphalt steht in diesen Hinsichten für Verwendung im großen viel günstiger.

VII. Der Plattenasphalt.

Allgemeines. Der Plattenasphalt kommt in zwei verschiedenen Arten auf den Markt: unter Verwendung von Naturasphalt und unter gänzlichem oder teilweisem Gebrauch von Petroleumbitumen. Letzteres Fabrikat ist also ein synthetisches Produkt und hierzulande mehr bekannt unter den Namen „Asphaltblocks“, während das andere als Asphaltplatten oder Stampfasphaltplatten bekannt ist.

Der Plattenasphalt hat unstreitig vor der Art, bei der das Material warm auf den Weg gebracht und verarbeitet werden muß, den Vorteil, daß er jederzeit und bei jeder Oberfläche verarbeitet werden kann. Für kleinere Arbeiten liegt es daher auf der Hand, Platten zu gebrauchen.

Demgegenüber ist das Nahtlose der anderen Bauart ein Vorteil, während auch die geringere Elastizität der Platten und besonders der „Blocks“ kein günstiger Faktor ist.

Die Asphaltmasse für diese Platten muß nämlich von anderer Art sein wie bei warmer Verwendung auf dem Weg. Man muß den Platten eine ziemlich große Härte geben, damit sie aufgestapelt, verladen und transportiert werden können, ohne ernstlich beschädigt zu werden oder sich zu werfen. Kann man z. B. den Sandasphalt mit Asphalt herstellen, der eine Penetration von 45—55 hat, so ist für die bekannten Asphaltblocks nach Blanchard Bitumen nötig mit einer Penetration von 15—20. Außerdem wird der Prozentsatz an Bitumen kleiner genommen.

Über die Ergebnisse mit Plattenasphalt ist man nicht immer zufrieden. An erster Stelle liefert die große Anzahl von Nähten eine ebenso große Anzahl von Angriffsstellen für schnellere Beschädigung und Abnutzung. Die Platten des Stampfasphalts sind in dieser Hinsicht viel günstiger wie die Blocks. Die Nähte darin schließen sich bei Benutzung der Straße, so daß das Pflaster auf die Dauer ein ziemlich geschlossenes Ganzes bildet. Bei den sog. Asphaltblocks bleiben jedoch die Nähte stets sichtbar und haben sogar Neigung zur Abbröckelung. Übrigens wird das Resultat mit Plattenasphalt meistens beherrscht von der Zusammenstellung und Form der Platten oder Blocks. Vor allem ist die Form bei den Blocks ein wesentlicher Faktor, weil bei den hier gebräuchlichen belgischen Blocks Verschiedenheiten in Breite und Dicke vorkommen, die höchst nachteilig auf die Dichtigkeit und Ebenheit des Pflasters wirken.

Bauart. Die Bauart des Plattenasphalts ist sehr einfach. Als Unterbettung verwendet man mit Vorliebe eine Betonlage. Die Stampfasphaltplatten, die eine Abmessung von 25×25 cm haben bei einer Dicke von $2^1/_2$—5 cm, werden in eine Lage Zementmörtel von ungefähr 1 cm Stärke auf den Beton gelegt. Danach werden die Fugen mit Asphaltpulver oder Zement dicht gemacht. Man hat die Platten auch wohl in eine dünne Lage von Asphaltpulver gelegt, während die Blocks an einzelnen Orten in Starkoline (ein Kohlenteerprodukt) gelegt werden. Wegen der ungleichmäßigen Dicke der Blocks ist die Verarbeitungsmethode jedoch nicht gerade einfach. Das Einlagern in eine dünne Lage Zementmörtel hat den Vorteil, daß man die Oberfläche gut eben legen kann. Zum Abbinden der Mörtellage ist aber für einige Tage Verkehrsverbot notwendig.

Die Platten oder Blocks werden an den Seiten zur Schließung der Fugen mit einem warmen, flüssigen, bituminösen Präparat, Goudron, Starkoline, Shelfalt oder etwas Ähnlichem bestrichen. Zur Verhinderung des Verwerfens der Platten bei einseitigem Verkehr legt man in regelmäßigen Abständen eine Verankerung in die Querfugen, die die Unterbettung mit den Platten verbindet.

Asphaltplatten. Die hier besprochenen Bauarten stehen und fallen mit der Beschaffenheit der Platten. Sie müssen von besonders guter Qualität sein. Mit Stampfasphaltplatten ist das Resultat ziemlich sicher. Hierfür kann man den von alters her erprobten Stampfasphalt oder Val de Travers oder eine ähnliche Sorte nehmen, und die Zusammenpressung kann nach den Forderungen der modernen Technik stattfinden.

Stampfasphaltplatten sind auch noch in anderen Sorten auf den Markt gebracht worden: kleiner und dünner für Fußgängerwege, auch in anderer Zusammensetzung. So wird ein französisches Produkt angeboten, Lithofalt genannt, welches aus $^2/_3$ Asphaltkalksteinpulver und $^1/_3$ Sand besteht und dem 9—10% Trinidadasphalt als Bindemittel zugefügt werden. Bei einer Temperatur von 150° C wird die Masse unter einem Druck von 500 kg auf den Quadratzentimeter hydraulisch gepreßt, und man erhält das in gutem Ruf stehende Produkt Lithofalt. Diese Platten werden für Fahrwege in Abmessungen von 10×20 cm bei einer Stärke von 4—5 cm hergestellt, für Bürgersteige von 1,5—2 cm Stärke.

Die sog. Asphaltblocks sind amerikanischen Ursprungs und haben in einzelnen Gebieten eine ziemlich ausgebreitete Verwendung gefunden. Auf dem Festland sind sie durch die amerikanische Firma mit Hilfe einer belgischen Filiale in den Handel gebracht und auch in Holland hier und da erprobt worden.

Der Grundstoff dieser Blocks ist nichts anderes als ein ziemlich dichter Steinschlagasphalt. Nach den amerikanischen Vorschriften darf 70—75% Steingrus mit einer Höchstabmessung von 10 mm darin vorkommen und nach der belgischen Analyse 70—72% Porphyrgrus von 2—5 mm. In Belgien fügt man noch 20% Kalksteinpulver und 8—10% Bitumen hinzu. Die Abmessungen betragen 30,5×12,7×5 cm. In der Länge ist eine Abweichung von 6 mm und in der Breite und Stärke eine solche von 3 mm zulässig. Letzteres ist für die Verarbeitung eine höchst lästige Eigenschaft. Sie werden unter einem Druck von 500 kg per Quadratzentimeter bis zur Hälfte ihres ursprünglichen Volumens zusammengepreßt und erhalten ein spezifisches Gewicht von 2,37. Die Abnahmebedingungen lauten auf 2,3—2,5 spezifisches Gewicht und auf eine Wasseraufnahme von höchstens 1%. Die Penetration des Asphaltbindemittels darf bei 25° C 15—20 betragen.

Die Asphaltblocks haben in Amerika bzw. Belgien folgende Normalzusammenstellung:

Tabelle 6. Zusammensetzung der Asphaltblocks.

Art des Materials	Belgisches Fabrikat	Amerikanisches Fabrikat
Steingrus, Höchstgröße 10 mm .	—	70—75%
„ „ 5 mm .	70—72%	—
Feiner Füllstoff	20%	15—20%
Bitumen	8—10%	6—8,5%

VIII. Der Guß- oder Streichasphalt.

Allgemeines. Der Gußasphalt (England: mastic asphalt, Frankreich: asphalte coulé) findet als Fahrstraßendecke nur lokale Beachtung. Während er anfangs in der Schweiz, Italien und Spanien vielfach, in Frankreich vereinzelt und in Deutschland wieder mehr als Pflasterung für Fahrstraßen Verwendung gefunden hatte, kommt er in der letzten Zeit in England von neuem wieder in Gebrauch, wenn auch in etwas veränderter Form.

Hierzulande wird er hauptsächlich für Bürgersteige und Fußböden verwendet, und für diese Zwecke ist er recht beliebt. In Amsterdam liegen z. B. 15 000 qm Gußasphalt auf den Bürgersteigen, was 1% des Gesamten darstellt.

Was die Zukunft des Gußasphalts angeht, so darf man sagen, daß er für Bürgersteige ernsthaft durch die Zementplatten bedroht wird, daß er aber für Fahrwege in seiner neuen Art im Aufleben begriffen ist. Besonders zur Verwendung zwischen Straßenbahngleisen scheint der Streichasphalt günstige Eigenschaften zu besitzen.

Bauart. Die Bauart des Streichasphaltpflasters ist höchst einfach. Die Unterbettung bestand früher stets aus einer Betonlage, die für Bürgersteige 8—12 cm und für Fahrwege 15—20 cm dick genommen wurde. In der letzten Zeit hat man auch alte Steinschlagwege als Unterbettung benutzt, und nach den neueren Bauarten in England legt man ihn auf eine gewöhnliche gewalzte Unterbettung unter Verwendung einer Zwischenlage, wie sie im Kapitel IX für Sandasphalt beschrieben worden ist.

Die Decklage in Gußasphalt wird für Bürgersteige 15—20 cm und für Fahrwege 40—50 cm dick gemacht. Wird Steinschlagasphalt als Zwischenlage verwendet, macht man diese 5 cm dick und die Decklage dann nur 2,5 cm. Die vorher zurechtgemachte Mischung, Mastix genannt, wird mit dem notwendigen mineralischen Material gemischt. Dies geschieht in Behältern mit Rühreisen, die das Einsinken verhindern sollen, oder in fahrbaren großen Kesseln mit maschineller Rühreinrichtung.

Das Material wird nach gründlicher Mischung bei einer Temperatur von 150—170° C auf die Unterbettung gestrichen. Dies geschieht mit hölzernen Streichern, also mit der Hand. Da das Material sirupartige Flüssigkeit hat, neigt der Sand und das Steinmaterial immer dazu, sich zu senken. Demzufolge wird die Oberfläche stets reichhaltiger an Bitumen sein wie der tiefer gelegene Teil der Decklage. Man streicht daher, zur Vermeidung dieser Entmischung in starkem Maße, Decklagen, welche dicker als 25 cm sind, in zwei Lagen übereinander. Nachdem die Decklage gerade und eben abgestrichen ist, wird sie mit feinem Sand bestreut, und damit ist sie fertig.

Beim modernen englischen System wird die Oberfläche vor der Abkühlung mit einer leichten kleinen Walze gerollt, welche mit einem waffelartigen Ornament versehen ist, so daß das Pflaster durch die Abdrücke ein nettes körniges Äußere erhält.

Nach der ganzen Art hängt das Ergebnis mit Streichasphalt vollkommen von der Zusammensetzung der Decklage ab. Ihr Gehalt an Bitumen und mineralischen Bestandteilen wie auch die Sorte des Bitumens beherrschen das ganze System.

Die Zusammensetzung der Mischung. Das hier beschriebene Asphaltpflaster entlehnt seinen Namen „Gußasphalt“ wahrscheinlich von der Art der Bearbeitung auf dem Weg, wie auch der Name „Streichasphalt“ ganz gewiß von der Verarbeitungsweise herrührt.

Die Asphaltmischung, die für die Pflasterung notwendig ist, wird künstlich zusammengestellt. Man nimmt als ersten Grundstoff den zu Pulver vermahlenen Asphaltstein, der jedoch für die Behandlung von Streichasphalt zu arm an Bitumen ist. Deshalb ist die Beigabe eines an Bitumen reicheren Grundstoffes erforderlich. Meist nimmt man hierzu Trinidad-épuré oder Petroleumasphalt. Nach der Erhitzung werden beide Sorten zusammengeschmolzen und zu Broten ausgegossen von ungefähr 27 kg Gewicht. An der Arbeitsstelle müssen dann diese Brote wieder geschmolzen, mit Sand oder Steinmaterial gemischt und warm auf die Unterbettung gestürzt und ausgestrichen werden.

In der Schweiz gebraucht man für Streichasphalt meist den Asphaltmastix aus dem Val de Travers mit besonderer Beigabe von gereinigtem Trinidad und auch Ebano (Petroleumasphalt). Bisweilen nahm man an Stelle von nur Mastix aus dem Val de Travers auch wohl $^3/_4$ davon und $^1/_4$ Mastix von Seysselasphalt, der etwas weicher ist wie der vom Val de Travers. Die sonstigen Verhältniszahlen sind in nachstehender Tabelle aufgenommen, soweit es die Städte Bern und St. Gallen betrifft.

Tabelle 7. Streichasphaltmischungen von Bern und St. Gallen.

Stadt	Mastix kg	Ebano kg	Trinidad kg	Sand oder Kies kg
Bern	400	14—16	16—18	320
St. Gallen	400	13,5	13,5	320

Mastix asphalt. Das System „Mastix asphalt", wie es jetzt in England zur Verwendung kommt, gibt folgende Zusammenstellung der Mischung wieder: vor der Beigabe von Steingrus und hinterher.

Der Steingrus besteht aus Granitstückchen oder Kalksteinchen in der Abmessung von 6—10 mm. Diese werden in einer Menge von 40% des Gewichtes der Asphaltmischung hinzugefügt.

Tabelle 8. Zusammensetzung des englischen Streichasphalts.

Sorte	In Prozenten vor Beigabe von Steingrus	In Prozenten nach Beigabe von Steingrus
Bitumen lösbar in CS_2	16,4%	10,8%
Material, welches durchgeht durch Sieb Nr. 200	43,2%	22,1%
„ „ „ „ „ „ 100	9,2%	7,0%
„ „ „ „ „ „ 80	2,0%	2,8%
„ „ „ „ „ „ 50	10,8%	5,6%
„ „ „ „ „ „ 40	4,5%	2,6%
„ „ „ „ „ „ 30	6,8%	2,3%
„ „ „ „ „ „ 20	4,7%	3,7%
„ „ „ „ „ „ 10	2,4%	5,5%
Zurückgeblieben auf „ „ 10	—	37,6%

Kautschukasphalt. Man hat durch Hinzufügen verschiedener Grundstoffe zum gewöhnlichen Streichasphalt diesem eine größere Haltbarkeit zu geben versucht, und in den letzten Jahren tritt dafür wieder Kautschuk in den Vordergrund.

Im allgemeinen haben diese Beistoffe und besonders Kautschuk den Nachteil, daß der Gebrauchswert nicht gleichmäßig mit dem Preise steigt. Naturgemäß ist Zufügung von geschmolzenem Kautschuk zur Streichasphaltmischung sehr nützlich. Er macht die Decke zweifellos dichter, und vielleicht wird auch die Zusammenpackung der mineralischen Bestandteile gefördert, die schließlich doch den Wert jeder Asphaltdecke ausmachen. Asphalt dient ausschließlich als Klebe- und Bindestoff, der mineralische Teil muß das Gerippe der Decke bilden. Es ist möglich, daß Kautschuk die enge Verbindung und die Elastizität (Biegsamkeit) der Decklage befördert; daß aber diese Wirkung schon bei geringer Beigabe von Bedeutung sein kann, ist nicht wahrscheinlich, und eine reichliche Beigabe wird das Pflaster so teuer machen, daß keine Rede mehr von einer Verwendung sein kann: denn wahrhaft große Qualitätserhöhung ist nicht damit zu erreichen.

IX. Der Sandasphalt.

(Sheetasphalt.)

Allgemeines. Im Sandasphalt ist die Asphalttechnik in technischer wie wissenschaftlicher Beziehung auf eine hohe Stufe gebracht worden. Die ursprüngliche Idee war, eine künstliche Zusammenstellung mineralischer Bestandteile und bituminöser Stoffe zu bilden, die die gleichen Eigenschaften besitzen sollte wie der Asphalt, der in der Natur als imprägnierter Kalkstein vorkommt. Bei Entwicklung dieser Technik haben sich solche überraschende Ergebnisse gezeigt, daß man jetzt auf vielerlei Art das gesetzte Ziel erreicht hat, nämlich verschiedene Konstruktionen gefunden hat, die ein Asphaltpflaster liefern, das alle Eigenschaften des von alters her bekannten Naturasphalts hat. Es ist sogar durch die synthetische Bearbeitung eine genau bekannte und gleichmäßige Mischung gewonnen worden, die auf beliebige Weise, nach Bedarf und mit Sachkenntnis geändert werden kann. Dies bedeutet einen Vorteil gegenüber der Natur, in der nicht zwei Sorten von Asphalt sich gleichen.

Arten. Zu den vorstehend gemeinten Konstruktionen sind alle dichten Mischungen zu zählen, die zur Bildung einer dünnen Decklage dienen und die keine weitere Abdeckung oder Verschlußdecke notwendig machen.

An erster Stelle ist hierbei der gewöhnliche Sandasphalt unter Verwendung von Sand und Bitumen zu erwähnen. An Stelle von reinem Sand hat man auch feinen Steingrus zugefügt, so daß man zu einem feinkörnigen Steinschlagasphalt kam, in Holland nach amerikanischem Vorbild auch wohl Topeka genannt, nach der amerikanischen Stadt dieses Namens, wo diese Mischung zum ersten Male Anwendung gefunden hat.

Eine andere Variation in der Sandverwendung ist die mit Schlacken der städtischen Abfallverbrennung. Dieses Material hat durch seine Porosität und Schärfe bewiesen, besonders geeignet zu sein für ein synthetisches Asphaltpflaster. Man hat diese Mischung zuerst in England verwendet, und der Schlackenasphalt liegt dort seit vielen Jahren mit gutem Erfolg.

Während die Sandmischung an genau festgesetzte Grenzen in der Körnergröße gebunden ist, erachtet man dies bei Schlacken nicht für so wichtig. Inzwischen hat man in Amsterdam die Körnergröße der gemahlenen Schlacken, wo diese stark von den Normen abweichen, durch Zufügung von Sand verbessert, so daß man auf diese Weise eine Sandschlackenmischung erhielt.

Alle diese Sorten von Sandasphalt kann man mit Hilfe des natürlichen Bitumens aus gereinigtem Trinidadasphalt (Trinidad épuré) oder mit dem im Handel befindlichen Petroleumrückstand (Shelfalt oder ähnliches Fabrikat) herstellen. Beide müssen aber den für jedes einzelne System verlangten Grad von Härte besitzen.

Herstellung. Der Sandasphalt verlangt eine ziemlich verwickelte Bearbeitung. Im Gegensatz zu anderen Asphaltpflasterungen ist sie nicht einfach. Wohl können der Unterbau und die Decklage als die zwei einzigen Konstruktionsteile für einen bestimmten Typ angesehen werden, aber dann liegen außerhalb dieser doch noch eine Zahl von anderen Möglichkeiten, die weniger einfach sind.

Außerdem ist neben der Herstellung der Decklage auch die Anlage selbst ziemlich kompliziert. Es sind kostspielige und verwickelte Maschinen nötig, und um gutes Sandasphaltpflaster zu machen, ist große Kenntnis der Ausführung selbst erforderlich.

Gleichwie bei allen anderen Straßenbauten unterscheidet man beim Sandasphalt eine Unterbettung und eine Decklage. Sobald aber die Bettung aus groben Stücken besteht, wie es bei einer gewalzten Bettung der Fall ist, und diese wenig oder gar nicht gebunden ist, muß man die nachstehend beschriebene Zwischenlage oder Binderlage anwenden. Diese dient in erster Linie zur genauen Profilierung der Unterbettung, zweitens zur Verbindung und Versteifung der Bettung und drittens zur Verankerung der Decklage, die sich innig mit der Zwischenlage verbinden muß. Daher stammt auch der Name „Binder“ oder Binderlage.

Eine Betonunterbettung und auch jede andere offene oder geschlossene Bettung verlangt die Binderlage nicht als einen notwendigen Teil der Bauart. Sie trägt jedoch zur Verbesserung des Ganzen bei, weswegen man auch in England und Amerika auf den Beton häufig das sog. „two coat work“ legt, d. h. den Sandasphalt in zwei Lagen, von denen die untere als Binder dient, nicht so sehr zur Verstärkung der Bettung, als um der Decklage höheren Wert zu geben.

Unterbettung. Im Kapitel III ist die Unterbettung der Asphaltstraßen abgehandelt worden. Dem ist noch hinzuzufügen, daß jede bestehende harte Wegedecke als Unterbettung für Sandasphalt zu gebrauchen ist, falls sie genügend stark und dauerhaft ist. In Amersfoort hat man in der Langestraat eine alte Pflasterstraße als Unterbettung verwendet. Die vorhandenen Pflastersteine sind in ihrem alten Zustande gelassen worden, auf diese ist eine Zwischenlage oder Binder in einer Stärke von 3,5 cm aufgewalzt worden, und darauf hat man eine Decklage von 3 cm gelegt.

Abb. 2. Festwalzen des Sandasphalts mit einer Tandemwalze von 7 Tonnen.

Eine vorhandene Kies- oder Steinschlagdecke kann, ihrer Natur nach, auch sehr geeignet sein zur Unterbettung, falls sie ausreichend stark ist. Ist dies nicht der Fall, so kann sie durch Auflage einer gewalzten Lage von Ziegeln oder Steinschlag verstärkt werden, und wenn dann eine harte und ziemlich geschlossene Oberfläche zustande gekommen ist, kann man eine Asphaltdecklage ohne Zwischenlage darauf legen. Diese Konstruktion ist u. a. auf der Kalfjeslaan bei Amsterdam angewandt worden. In derartigen Fällen wählt man in der Regel eine Decklage von 5—6 cm Dicke, der ungefähr 30% grober Basaltsand beigemischt sind, mit dem Zwecke, der Decklage einige Festigkeit zu geben.

Es ist selbstverständlich, daß man in solchen Fällen auch eine Zwischenlage von 3—4 cm in Verbindung mit einer Decklage von $2^1/_2$—3 cm anwenden kann.

Zwischenlage. Die Zwischenlage oder der „Binder", wie sie in Holland auch allgemein genannt wird, hat eine durchschnittliche Dicke von 4 cm nach dem Walzen. Sie besteht aus offenem Steinschlagasphalt und wird daher aus Steinschlag und Bitumen hergestellt, zuweilen wird Sand zugefügt, zuweilen an Stelle von Steinschlag auch Abfallverbrennungsschlacke. Die Mischung wird unter einer Temperatur von ungefähr 350° F = 170° C gemischt und warm auf die Unterbettung gewalzt.

Was die Körnergröße des Steinschlags angeht, kann man noch daran denken, bei großer Dicke der Zwischenlage gröbere Stücke zu verwenden wie bei dünner Lage. In Amerika gilt als größte Abmessung der Stücke 1″ = 2,5 cm. Ferner müssen 40% des Materials 1,25-cm-Maschensieb passieren und auf dem Maschensieb von 2,5 mm liegenbleiben.

Die Frage ist aufgeworfen worden, ob die Zwischenlage eine offene oder geschlossene Lage bilden muß. Auf Grund der Erfahrungen soll man für leichten Verkehr gröberes Material und eine mehr offene Mischung anwenden können als für schweren Verkehr. Je schwerer der Verkehr, um so feiner und dichter die Steinmischung der Zwischenlage. Deshalb wird in Einzelfällen Sand zugefügt. Eine Mischung für schweren Verkehr erhält man z. B. bei folgender Dosierung:

Tabelle 9. Zwischenlage für schweren Verkehr.

Geht durch Sieb Nr.	Zurückgehalten auf Sieb Nr.	Gewichtsprozente
200	—	1,5
100	200	3,0
80	100	2,0
50	80	6,0
40	50	3,0
30	40	3,0
20	30	2,0
10	20	3,0
4	10	12,0
2	4	18,0
1	2	42,0
	Zusammen	95,5
	Bitumen	4,5
		100,0

In Kanada verwendet man für die Binderlage einen Steinschlagasphalt, der aus 82% Steinschlag bis zu 1 cm Körnergröße, 13% Sand und 5% Asphalt besteht. Dies ist somit eine ziemlich geschlossene Mischung.

Eine vollkommen geschlossene Zwischenlage scheint nicht wünschenswert zu sein. Wie sehr auch Tragkraft, Stärke und Dauerhaftigkeit bei völliger Dichtigkeit verbessert sein mag, so erachtet man doch in Rücksicht auf die näher zu besprechende Wellenbildung eine offene Binderlage, d. h. mit ungefähr 10% hohlem Raum nach dem Walzen, für besser wie eine ganz geschlossene Mischung.

Für diesen Zweck kann Basaltschlag von 0,5—2 cm grundsätzlich gut verwendet werden. Wenn gewünscht, kann etwas Sand zugefügt werden; dies erhöht aber auch die Kosten, weil dann ein größerer Prozentsatz Bitumen nötig wird. Der Bitumengehalt schwankt bei der Zwischenlage von 4,5—6%.

Die Zwischenlage wird warm auf den Weg gebracht, dort ausgebreitet und mit Rechen gleichmäßig verteilt. Unmittelbar danach kann sie gewalzt werden, wofür man eine Tandemwalze oder auch eine gewöhnliche Dampfwalze verwenden kann. Letztere übt mit den Hinterrädern einen wesentlich schwereren Druck aus, was von Vorteil ist; dagegen erzielt die Tandemwalze eine mehr ebene Oberfläche, wenn sie auch weniger stark zusammendrückt. Jeder Einzelfall fordert eine den Umständen angepaßte Behandlung.

Die Decklage. Nach dem Walzen der Zwischenlage kann die Decklage gelegt werden. Dabei ist es von Vorteil, möglichst wenig Zeit zwischen Binderlage und Decklage verstreichen zu lassen, weil das Eindringen von Schmutz in die Poren wie auch Nässe nachteilig auf die Verbindung der beiden Lagen wirkt.

Die Stärke der Lage beim Ausbreiten des losen warmen Materials bestimmt man nach dem Gewicht. Wenn man weiß, daß man von 1 t = 1000 kg 10 qm Sandasphalt von 5 cm Dicke nach dem Walzen erhält, mit anderen Worten, wenn das spezifische Gewicht des fertiggewalzten Asphalts 2 beträgt, dann kann man bei Kenntnis der angeführten Ladung genau die Oberfläche berechnen, die damit belegt werden kann.

Bei Verwendung von Trinidadasphalt kann man es bei der englischen Zusammenstellung etwa auf 2,22 spezifisches Gewicht bringen. Die amerikanische Dosierung liefert eine etwas leichtere Mischung, die bei Gebrauch von Petroleumasphalt getrost auf ein spez. Gewicht von 2 gesetzt werden kann.

Bei Verwendung von Portlandzement als Füllstoff und bei sorgfältiger Dosierung, Mischung und Verarbeitung kann man ein spez. Gewicht von 2,27 erreichen. Zufügung von Steingrus erhöht das Ge-

Abb. 3. Ausbreiten und Walzen des Sandasphalts (Sheetasphalt).

wicht, weshalb das sog. Topeka auf ein spez. Gewicht von 2,5 kommen kann, wenn 30% Steingrus darin verarbeitet wird. Bei Basalt kann ein spez. Gewicht von 2,95—3,00 gerechnet werden. Quarzsand hat 2,65. —

Tabelle 10. Zusammenstellung von Sheetasphalt: englische Norm.

Art	Prozente in Gewichten, Bitumen mitgerechnet	Prozente in Gewichten ohne Bitumen
Bitumen, löslich in CS_2	12	—
Sand, durchlaufend Sieb Nr. 200	10	18,1
,, ,, ,, ,, 100 und bleibend auf Sieb Nr. 200	14	16,0
,, ,, ,, ,, 80 ,, ,, ,, ,, ,, 100	10	11,4
,, ,, ,, ,, 50 ,, ,, ,, ,, ,, 80	36	40,9
,, ,, ,, ,, 40 ,, ,, ,, ,, ,, 50	5	5,7
,, ,, ,, ,, 30 ,, ,, ,, ,, ,, 40	3	3,4
,, ,, ,, ,, 20 ,, ,, ,, ,, ,, 30	3	3,4
,, ,, ,, ,, 10 ,, ,, ,, ,, ,, 20	1	1,1
Im ganzen	100	100,0

Die Decklage muß man als eine Mischung von mineralischen Bestandteilen und Bitumen ansehen. Die mineralischen Teile sind wieder in Sand und Füllstoff zu unterscheiden. Letzterer ist nötig, um die allerfeinsten Öffnungen, die noch im Sand vorkommen sollten, zu füllen. Denn das Ideal würde erreicht sein, wenn die fertige Decklage eine vollkommene Dichtigkeit erhalten hätte. Dies Ideal scheint bei-

Tabelle 11. Normen der Gemeinde Amsterdam für Sand und Füllstoff.

Geht durch Sieb Nr.	Bleibt liegen auf Sieb Nr.	In Prozenten: Ideal		Grenzen	Gruppengrenzen
10	20	3	16	3—10	14—20
20	30	5		4—12	
30	40	8		5—20	
40	50	14	40	10—30	30—40
50	60	26		10—40	
80	80	15	29	6—20	25—45
100	100	14		10—25	
200	—	15		5—15	

nahe erreichbar und scheint auch von großem Wert für die Qualität des Pflasters zu sein.

Der Sand. Einstweilen besteht ungefähr 75% der Decklage aus Sand, er ist somit der Hauptbestandteil. Und alle Sachverständigen sind sich darüber eins, daß die Auswahl und die Körnergröße des Sandes den Erfolg des Sandasphalts bestimmen.

Der Sand muß in erster Linie so scharfkantig genommen werden, wie er nur irgend in der geforderten Körnergröße zu bekommen ist.

Tabelle 12. Ausgeführte Siebproben in Amsterdam (Sand mit Füllstoff).

Datum der Siebprobe	Arbeit	Bleibt liegen auf Sieb Nr.										Passiert
		20	30	40	Summe 1. Gruppe	50	80	Summe 2. Gruppe	100	200	Summe 3. Gruppe	200
5. Juni 1924	Rembrandtplein	2,10	4,15	9,40	**15,65**	10,40	33,35	**43,75**	13,15	18,95	**32,10**	7,45
14. Juni 1924	Rembrandtplein	1,95	4,15	7,70	**13,80**	9,60	40,05	**49,65**	9,15	20,15	**29,30**	7,15
23. Sept. 1924	Nassaukade . .	1,74	3,36	9,60	**14,50**	28,60	16,00	**44,60**	23,80	8,40	**32,20**	7,00

Dann muß er rein sein, und durch das Sieb Nr. 200 darf so gut wie nichts durchlaufen. Was an mineralischen Stoffen, feiner wie durch das Sieb Nr. 200 durchgehend, nötig ist, wird als Füllstoff hinzugefügt.

Für die Beifügung des Füllstoffes wird jetzt in England folgende Dosierung als Norm betrachtet (s. Tab. 10).

Die Amsterdamer Normen passen sich ziemlich dem Obenstehenden an, im allgemeinen ist aber der Sand etwas gröber. In bezug auf den gebräuchlichen Flußsand muß für Holland eine andere dichte Mischung entworfen werden (s. Tab. 11).

In der Praxis hat sich ergeben, daß man diesen holländischen Normen sehr gut nachkommen kann, was aus nebenstehender Tabelle hervorgehen wird, welche die Siebproben von einigen Arbeiten in Amsterdam wiedergibt und die trotz der großen Unterschiede auf einzelnen Sieben doch gut innerhalb der Grenzen liegen (s. Tab. 12).

Um einzelne Angaben zu veröffentlichen über die Körnergröße der hierzulande gefundenen Sandsorten werden nachstehend noch 4 Siebproben mitgeteilt, 2 betreffen Flußsand in der Art des gewöhnlichen, scharfen Mauersandes; die anderen beiden sind von verschiedenen Sorten Dünensand genommen (s. Tab. 13).

Der Füllstoff. Der Füllstoff oder Filler ist ein wichtiger Unterteil der Mischung, die man als dicht bezeichnen will. Wenn man die offenen Räume zwischen dem Steingrus mit Sand füllt und sich die Hohlräume des groben Sandes mit feinem Sand dichtgemacht denkt,

Tabelle 13. Siebproben von holländischem Sand.

Datum der Siebprobe	Sandsorte	Bleibt liegen auf Sieb Nr.							Ging durch Sieb Nr. 200
		20	30	40	50	80	100	200	
19. Sept. 1924	Flußsand	8,60	15,60	35,20	35,20	4,30	0,90	0,20	—
22. Sept. 1924	Flußsand	8,50	10,20	23,00	39,40	13,50	4,60	0,50	—
19. Sept. 1924	Dünensand	0,05	0,10	0,10	1,05	38,70	11,25	48,30	0,35
22. Sept. 1924	Dünensand	—	0,50	0,75	1,75	47,50	13,50	35,50	0,50

werden noch immer Räume zwischen dem feinen Sand offen bleiben. Diese Räume kann man mit einem Staub ausfüllen, bei dem festgestellt ist, daß er mit mindestens 75% durch ein Sieb Nr. 200 geht und der Rest durch ein Sieb Nr. 30.

Auf solche Weise kommt in erster Linie der Portlandzement für Füllstoff in Betracht. In einigen Ländern nimmt man auch wohl Basaltstaub, gemahlenen Kalkstein oder Schiefer für diesen Zweck, und im Schlackenasphalt hat man die Flugasche aus den Rauchschloten der Abfallverbrennungsöfen auch wohl gebraucht.

Tabelle 14. Siebprobe von Portlandzement (Josson).

Geht durch ein Sieb von	Bleibt auf Sieb von	Prozente
50	80	1,20
80	100	5,05
100	200	11,20
200	—	80,45
	Verlust	1,60
	Zusammen	100,00

Zement ist aber wohl dasjenige Material, welches man meist zur Hand hat, es ist ein Handelsprodukt, das in großen Mengen verfügbar ist, und er hat in der Regel diejenige Feinheit, die verlangt werden muß.

Eine Schattenseite ist der ziemlich hohe Preis, der in der Tat für die Kosten des Pflasters von Bedeutung ist, weil man ungefähr 10% des Gewichtes der Decklage davon nötig hat. Bei Wahl eines billigen Zements muß man sich aber vorher von der Feinheit überzeugen, da festgestellt ist, daß mit dem Preis auch die Feinheit abnimmt.

Bei einer Siebprobe von Jossonzement zeigte sich, daß dieser vollkommen das Sieb Nr. 50 durchlief, der Rest zeigte folgendes Ergebnis (s. Tab. 14).

Tabelle 15. Normen der Gemeinde Amsterdam für Schlackensand.

Geht durch Sieb Nr.	Bleibt liegen auf Sieb Nr.	Prozente: Ideal	Prozente: Gruppenprozente
8	10	12	—
10	20	39	65
20	30	18	
30	40	8	
40	50	5	11,5
50	80	6,5	
80	100	1,5	6,5
100	200	5	
200	—	5	—

Schlackensand. Der Gebrauch von Schlacken an Stelle von Sand hat auch in Amsterdam bereits beträchtlichen Umfang genommen. Verschiedene Straßen sind schon damit gepflastert, und die Proben werden noch fortgesetzt. Der Vorzug des Schlackensandes besteht darin, daß der Abfallverbrennung ein lohnendes Absatzgebiet erschlossen wird und daß er anderseits für Pflasterungen ein wertvolles Material geworden ist. Es scheint, daß die

Tabelle 16. Siebproben von Schlacken zu Amsterdam, ohne Füllstoff.

Datum der Siebprobe	Arbeit	Bleibt liegen auf Sieb Nr.											Passiert
		10	20	30	40	Summe 1. Gruppe	50	80	Summe 2. Gruppe	100	200	Summe 3. Gruppe	200
3. Juli 1924	Rembrandtplein	5,6	26,85	9,75	8,60	**45,20**	8,60	18,70	**27,30**	4,60	10,95	**15,55**	4,0
23. Juli 1924	Rembrandtplein	3,5	19,5	8,5	8,0	**36,00**	11,50	12,0	**23,50**	21,0	8,50	**29,50**	4,0
6. Aug. 1924	Kerkstraat . .	3,0	14,5	13,7	16,0	**44,20**	12,2	25,0	**37,20**	6,5	6,0	**12,50**	3,1

Körnergröße und Dosierung beim Schlackenmaterial nicht so genau genommen zu werden braucht wie bei Sand. Außerdem liegt Schlackensand fester, er schließt sich besser ineinander, und die Porosität der Schlackenkörner bildet eine günstige Angriffsfläche für den Bitumen.

Die Schlacken müssen sehr fein gemahlen werden, nämlich von 3 mm als Maximum bis zu Staub.

Nach den Amsterdamer Vorschriften müssen die Schlacken nachstehenden Normen nachkommen, in dem Sinne, daß auf Sieb Nr. 8 8—12% des Gewichtes zurückbleiben darf (s. Tab. 15).

Diesen Normen kann in reichlichem Maße entsprochen werden, sei es denn auch, daß das Mahlen und Sieben der Schlacken eine kostspielige Arbeit ist. Jetzt ist man bei der Abfallverbrennung daselbst sehr gut eingerichtet, um den Anforderungen, die für das Straßenpflaster gestellt werden, nachzukommen.

Wie bereits vorstehend bemerkt, ist in Amsterdam auch eine Mischung von Sand und Schlacken zur Verwendung gekommen und, wie es scheint, mit gutem Erfolg.

In nebenstehender Tabelle sind noch 3 Siebproben wiedergegeben. 2 davon betreffen das Schlackenmaterial und 1 die Mischung von 1 Teil Dünensand, 1 Teil Flußsand und 3 Teilen Schlacken.

Die Siebproben sind ohne Beifügung von Füllstoff genommen (s. Tab. 16).

Topeka. In bezug auf die Zufügung von Steingrus in Sandasphalt bestehen auch Normen,

Tabelle 17. Normen der Gemeinde Amsterdam für Topeka.

Geht durch Sieb Nr.	Bleibt auf Sieb Nr.	Prozente	
		Ideal	Grenzen
2	4	8	6— 9
4	10	24	20—26
10	40	22	13—34
40	80	22	13—34
80	200	14	5—24
200	—	10	7—11

Abb. 4. Das Abwalzen des Sandasphalts (Sheetasphalt).

welche der Vollständigkeit halber auch mitgeteilt werden müssen (s. Tab. 17).

Das Ergebnis von 2 Proben mit der trockenen Mischung von Basaltgrus, Sand und Füllstoff ist in nachstehender Tabelle wiedergegeben:

Tabelle 18. Siebproben der mineralen Bestandteile von zwei Straßen in Amsterdam.

Datum der Siebprobe	Straße	Bleibt liegen auf Sieb Nr.						Ging durch Sieb Nr. 200
		4	10	Summen 4 und 10	40	80	200	
14. Aug. 1924	Plantage Middellaan	5,30	17,30	22,60	20,90	26,80	21,60	7,90
15. Sept. 1924	Kalfjeslaan	2,87	20,89	23,76	19,66	21,01	27,09	8,26

Die Siebe. Die Siebe, die hierzulande für die Bestimmung der Körnergröße von Sand, Füllstoff und dergleichen Materialien verwendet werden, sind immer noch die amerikanischen Normalsiebe.

Die Abmessungen davon sind in nachstehender Tabelle, umgerechnet ins metrische Maß, angegeben.

Wie überall in diesem Buch, ist hierbei die Art des Siebes durch eine Nummer bezeichnet, die in Übereinstimmung ist mit der Anzahl Maschen per linearem Inch. Sieb Nr. 200 heißt also 200 Maschen per linearem oder 40 000 per Quadrat-Inch.

Tabelle 19. Normalsiebe.

Nummer des Siebes	Anzahl Maschen per linearem Inch	Anzahl Maschen per Quadrat-Inch	Anzahl Maschen per qcm	Körnergröße des Materials, das durch das Sieb geht, in mm
2	2	4	—	12
4	4	16	—	6
10	10	100	15	2,13
20	20	400	60	1
30	30	900	140	0,59
40	40	1 600	250	0,47
50	50	2 500	390	0,38
80	80	6 400	990	0,24
100	100	10 000	1550	0,17
200	200	40 000	6200	0,083

Die Dicke des Kupferdrahtes, der für das Gewebe des Siebes gebraucht wird, ist natürlich von großem Einfluß auf die Dichtigkeit des Siebes. Selbst bei ganz feinen Sieben muß die innere Maschenweite noch größer sein wie die Dicke des Drahtes, obwohl dies bei Sieb Nr. 200 keinen großen Unterschied ausmachen kann.

Da die Ergebnisse der Siebproben von sehr großer Bedeutung für die Zusammenstellung der Sandmischung sind, so ist es von ebenso großer Bedeutung, die richtigen Siebe zu gebrauchen. Anstatt dazu die Drahtdicke der verschiedenen Siebe in hundertsten Teilen von einem Millimeter anzugeben, muß daher geraten werden, ausschließlich auf die im Handel vorkommenden Normalsiebe zu vertrauen.

In Amerika hat man von Staats wegen ein Standardmaß für die Siebe festgesetzt und das „Bureau of Standards“ beschäftigt sich damit, die Gaze oder Siebe auf dieselbe Weise zu prüfen wie in Holland das Eichungswesen Maße und Gewichte prüft.

Der Bitumengehalt. Die verschiedenen Sandasphaltkonstruktionen, wie sie vorstehend beschrieben worden sind, verlangen alle eine verschiedene Menge Bitumen, und sogar die Art des Bitumen ist für alle Konstruktionen nicht die gleiche, indem man z. B. für gewöhnlichen Sand Shelfalt mit einer Penetration von 45—55 braucht, während man für Schlackensand eine weichere Sorte verwenden muß.

Menge, Bitumen und Grad der Penetration sind in Tabelle Nr. 23 auf S. 69 zusammengestellt.

Die darin verfaßten Daten beziehen sich aber ausschließlich auf Petroleumrückstände.

Bei Verwendung von Trinidad werden sich die Zahlen einigermaßen ändern, weil dieses Material aus ungefähr 60% reinem Bitumen und 40% feinem Kalkstein besteht. Dieser Zuschuß kommt dem Füllstoff zugute, so daß die Beigabe von feinem Material nicht so groß zu sein braucht wie bei Gebrauch von reinem Bitumen.

Der Bitumengehalt einer Mischung wird stets ausgedrückt in Prozenten der trockenen Mischung. Falls es gemeint ist als Prozentsatz der fertiggestellten warmen Mischung, so muß dies erwähnt werden.

Für die Beurteilung, ob eine Mischung zu karg oder zu reich ist, wird viel Erfahrung und Fachkenntnis gefordert. Für denjenigen, der damit bekannt ist, besteht eine einfache Probe, dies zu untersuchen: der sogenannte „pat test“. Zu diesem Zwecke wird ein kleines Quantum der 175° C warmen Mischung auf Manillapapier gestürzt. Nach Entfernung der Mischung kann man aus dem zurückgelassenen Abdruck beurteilen, ob der Bitumengehalt gut ist, d. h. ob die Mischung zu karg oder zu reich ist.

Die Mischung. Vorstehend wurde bereits erwähnt, daß für die Zubereitung von Sandasphalt eine komplizierte und kostspielige Einrichtung notwendig ist. Dies gründet sich darauf, daß die mineralischen Bestandteile sowohl getrocknet und gereinigt wie auch hoch erhitzt werden müssen, und daß anderseits der Bitumen geschmolzen und hoch erhitzt werden muß, während zum Schluß die innige Mischung dieser zwei Grundstoffe, zum Teil noch unter Zufügung eines Füllstoffes, in kurzer Zeit gründlich ausgeführt werden muß.

Es ist dann auch eine Maschine nötig, die den Sand auf eine Temperatur von etwa 170° C bringen kann und dabei gleichzeitig den Staub und Schmutz heraussaugt und siebt. Diese Erhitzung geschieht in der Regel in einer Trockentrommel, die stark erhitzt wird. Das Schmelzen des Bitumen wird meist in besonderen Kesseln ausgeführt. Diese müssen auf 200° C gebracht werden.

Zum Schlusse müssen die beiden Materialien abgewogen werden und in einem gut konstruierten Mischtrog mit Rühreinrichtung (sog. paddle mixer) derart gemischt werden, daß jedes Mineralteilchen mit Bitumen umhüllt wird.

Um schnell arbeiten zu können, muß die Mischeinrichtung so gebaut sein, daß die Mischung für die Zwischenlage in 40 Sekunden und die für die Decklage in 60 Sekunden fertig ist. Nur bei schneller Mischung kann man per Tag eine genügend große Oberfläche fertigstellen.

Die Leistungsfähigkeit der Mischeinrichtung wird ausgedrückt per Tonne und Stunde. So stellt die Maschine auf Abb. 1 z. B. eine 12-Tonnen-Maschine dar, d. h. daß per Stunde 12 t Sandasphalt zubereitet werden können.

Der Transport. Einen wesentlichen Bestandteil bei Anlage von gewalzten Asphaltstraßen bildet der Transport des warmen Materials. Dieses kommt mit einer Temperatur von 350° F aus der Mischmaschine und muß bei Ausbreitung auf den Weg mindestens noch 325° F besitzen. Infolgedessen sind hierfür besondere Transportmittel notwendig, die großen Wärmeverlust vermeiden. Man kann dafür gewöhnliche Frachtautos verwenden, die mit wollenen Decken zugedeckt werden können. Muß der Transport größere Strecken zurücklegen, so kann es sein, daß man im Frühjahr und Herbst zuviel Wärme verliert. Deshalb hat man in Amsterdam Spezialwagen im Gebrauch, die mit dichten Deckeln abgeschlossen werden und die mit doppelten, isolierten Wänden versehen sind.

Eine besondere Forderung bei dieser Art des Transportes ist Schnelligkeit. Große Schnelligkeit kommt dem Festhalten der Temperatur zugute. Aber auch bei großer Entfernung der Mischmaschine von der Arbeitsstelle ist Schnelligkeit notwendig, um zu vermeiden, daß man eine große Anzahl von Transportmitteln nötig hat, um geregelt durcharbeiten zu können.

Die Verarbeitung. Sobald das Material auf die Unterbettung oder die Zwischenlage ausgestürzt ist, muß es schnell verarbeitet werden. Bei kaltem Wetter muß es sogar sofort zugedeckt werden, um nicht abzukühlen.

Die warme Mischung wird mit Schubkarren schnell an die Arbeitsstelle gefahren, dort ausgebreitet und mit Rechen verteilt, worauf zuerst die Seiten, die man mit der Walze nicht ausreichend fassen kann, festgestampft werden. Darauf wird die Decklage leicht mit einer Handwalze übergerollt, worauf die schwere Walze, meist und mit Vorliebe eine Tandemwalze, die Decklage vollständig zusammendrückt.

Die größte Dichtigkeit ist nach dem Walzen noch nicht erreicht. Durch den Verkehr tritt noch eine gewisse Nachkomprimierung ein, allerdings lange nicht soviel wie bei Stampfasphalt. Nach dem Walzen wird die Decklage mit Zement bestreut und eingefegt, um Oberflächenporen, die vielleicht noch vorhanden sein sollten, zu schließen.

Wellenbildung. Große Sorgfalt erfordert die Bearbeitung einer gewalzten Asphaltdecklage, um Wellenbildungen zu verhindern. Sie treten an der Oberfläche sehr leicht auf während der Arbeit, und sitzen sie einmal in der Decke, so besteht große Möglichkeit, daß sie durch den Verkehr noch stärker werden.

Die Wellenbildung in einer Asphaltdecke ist der große Mangel dieses vortrefflichen Pflasters. Es ist nicht leicht, sie bei der Anlage zu vermeiden, weil sie durch den rhythmischen Gang der Walze verursacht wird. Man muß deshalb dafür sorgen, daß nicht in einer Richtung gewalzt wird, daß vielmehr diagonal und in Bogen über die Decklage hin und her gefahren wird. Letzteres bringt den Vorteil, die kleinen Unebenheiten, die beim Walzen in der Längsrichtung eingedrückt werden können, wieder herauszurollen.

Prevost Hubbard, der bekannte Sachverständige auf dem Gebiet von Asphaltstraßenbau, gibt in seinem Bericht über den letzten internationalen Straßenbaukongreß 12 Gründe für die Wellenbildung an. Da die Frage recht wichtig ist und weil seine Schlüsse auf sehr großer Erfahrung beruhen, werden sie nachstehend angeführt:

Mängel in der Unterbettung.

1. Mangel an Tragvermögen, was zu Veränderungen in der Festigkeit der Unterbettung führen kann.
2. Unregelmäßigkeiten im Profil, was Ungleichheiten in der Dicke des Weges verursacht und als Folge davon ungleichmäßige Zusammendrückung.
3. Geschlossene Oberfläche, was Verschiebungen der Asphaltlage auf der Unterbettung möglich macht.

Mängel in der Mischung.

4. Gebrauch eines zu weichen bituminösen Bindemittels in bezug auf Klima, Art des Verkehrs und Körnergröße der mineralischen Bestandteile.
5. Gebrauch einer zu großen Menge von Bindemitteln.
6. Zu feines Material im Verhältnis zur Art und Menge der Bindemittel, wodurch eine wenig feste Mischung entsteht.

7. Zu großer Prozentsatz von mineralischen Bestandteilen mit runden Flächen.

Fehler in der Bauart.

8. Unebenheiten in der Oberfläche, verursacht durch schlechtes Ausbreiten der Mineralien oder falsches Walzen oder auch durch Mangel an Homogenität der Mischung.

9. Zu geringe Zusammendrückung in der ersten Walzperiode. Die Ursache kann sein: eine zu leichte Walze, unzureichendes Walzen oder zu große Abkühlung der Mischung, oder endlich eine zu große Stärke der Lage, um sie auf einmal festwalzen zu können.

10. Schlecht ausgeführte Anschlüsse bei Wiederaufnahme der Arbeit.

Nebenursachen.

11. Aufnahme einer zu großen Menge Öl oder flüchtiger Stoffe, die durch Autos auf den Weg gebracht werden, wodurch das Bindemittel abnormal weich wird.

12. Entweichung von Gasen, die sich unter der Decklage bilden und auch Veranlassung geben, das Bindemittel weich zu machen.

Dammann-Asphalt. Dammann-Asphalt kann als ein primitiver Sandasphalt angesprochen werden, mit dem Unterschiede, daß an Stelle von Asphalt Teer als Bindemittel (oder besser gesagt als Gleitmittel) verwendet wird. Da die Verwendung von Teer eine Erhitzung der Mischung unnötig macht, hat der Dammann-Asphalt den unverkennbaren Vorteil, daß er kalt angelegt werden kann.

Das Verfahren ist eine Erfindung von Dr. Dammann, Stadtbaumeister von Essen. Sein Verfahren hat in den Jahren nach 1920 in Essen und Umgegend ziemlich große Anwendung gefunden, und in den Hauptstraßen von Essen hat es sich ziemlich gut halten können. Wenn das System gelingt, wie es in Essen gelungen ist, erhält man mit dem Dammann-Asphalt ein Pflaster, das äußerlich starke Ähnlichkeit mit Stampfasphalt hat. Unglücklicherweise sind die Proben in unserem Lande bis jetzt noch nicht besonders gut ausgefallen. Im Jahre 1923 ist es in Amsterdam, den Haag und Utrecht auf eine Betonunterbettung gelegt worden. Die Ergebnisse sind veränderlich. Das Stück in Amsterdam mußte bereits mehrere Male repariert werden.

Der Dammann-Asphalt besteht zu ungefähr 93,5% aus gemahlener Hochofenschlacke oder ähnlichem feinen Steinmaterial und ungefähr zu 6,5% aus wasserfreiem Kohlenteer. Nach dem Erfinder hat der Teer keine bindende Aufgabe, sondern dient lediglich als Gleitmittel, um die Zusammenpackung des Materials zu befördern. Da höchstens 8%, jedoch als Regel nur 6,5% Teer verarbeitet wird, ist eine sehr gründliche Mischung nötig, mit dem Zwecke, jedes einzelne Staubteilchen noch mit Teer einzuhüllen. Nach der Mischung ist das Material zwar schwarz gefärbt, jedoch infolge der geringen Teerbeigabe nicht feucht oder klebrig geworden. Nur bei Druck wird es zu einer kompakten Masse geformt.

Die Mischung wird kalt auf die Unterbettung verlegt und mit einer leichten Handwalze festgerollt, nachdem vorher die Seiten gut angestampft worden sind. Das weitere Zusammenpressen wird dem Verkehr überlassen. Nach Art der Sache wird ein rollender Verkehr — Pferdezug — besser diese Aufgabe erfüllen wie der Autoverkehr, der an die nicht gänzlich festliegende Decklage zu Anfang hohe Forderungen stellt, besonders in Kurven. Man hat die sofortige Brauchbarkeit in derartigen Fällen vergrößern wollen durch Zufügung von 2—4% Pech, der in Gestalt von feinem Pulver der Mischung in kaltem Zustande hinzugefügt wird.

Der Dammann-Asphalt ist nicht wie der Sandasphalt auf sorgfältige Zusammenstellung von mineralischen Bestandteilen verschiedener Körnergröße basiert, indessen wird doch wohl nach einer gewissen Dichtigkeit gestrebt. Die Hohlräume in der Masse werden nach der Komprimierung auf 3—4% der ursprünglichen Menge geschätzt. Das spez. Gewicht des Pflasters ist 2,3.

Hierzulande ist der Dammann-Asphalt meistens auf eine Betonunterbettung bis zu einer Stärke von 5 cm nach dem Walzen gelegt worden. In Essen und anderswo wurde er aber auch vielfach auf eine alte Pflasterstraße gelegt, und dann war die Unebenheit dieser Bestraßung häufig auch wieder zurückzufinden in dem nachträglich komprimierten Asphalt.

Gegen den Namen „Asphalt", der diesem System gegeben wird, sollten ernsthafte Bedenken erhoben werden, weil gerade das Fehlen von Bitumenstoffen, die warme Verarbeitung fordern, eine charakteristische Eigenschaft des Dammann-Pflasters ist.

X. Steinschlagasphalt (Asphaltbeton).

Allgemeines. Der Übergang vom gewöhnlichen Steinschlagweg zum feinkörnigen Sheet- oder Sandasphalt wird durch eine Mischung von Steinschlag mit Asphalt gebildet, bekannt unter dem Namen Asphaltbeton oder Steinschlagasphalt. Dieser ist in Holland zum ersten Male als Decklage durch die provinziale Bauverwaltung der Provinz Utrecht angewendet worden, die die Straßen Doorn—Leusden und Leersum—Woudenberg damit gebaut hat.

In allen Fällen, in denen man früher eine einfache Schotterdecke anlegte, kann man jetzt Steinschlagasphalt verwenden. Besonders eignet er sich für Landstraßen, auf denen schwerer und leichter Kraftwagenverkehr die Überhand hat. Der Steinschlagasphalt liefert starke Straßendecken mit hohem Gebrauchswert. Er ist nicht glatt, nicht einmal glatter als Kleinpflaster, und verlangt wenig Kraftverbrauch (Zugkraft).

Arten. Bei Steinschlagasphalt kann man durch die Körnergröße des Steinmaterials zwei wesentlich verschiedene Arten erzielen. Verwendet man diese genau so wie bei den einfachen Schotterwegen, also in einer Zusammensetzung, die nach vollständigem Festwalzen noch ungefähr 20% leeren Raum läßt, so ist das eine sehr offene Bauart. Geht man aber dazu über, eine Mischung des Steinschlages anzuwenden, derart, daß die Hohlräume zwischen den großen Schotterstücken durch kleinere ausgefüllt werden, und setzt man dies fort bis zu sehr kleinen Abmessungen, z. B. bis zu 5 mm, so erhält man eine Bauart, in der nicht mehr als 10% Hohlraum übrigbleibt, vorausgesetzt, daß die Bearbeitung gründlich geschieht und eine kräftige, schwere Walze mit breiten Walzenrädern zum Festwalzen verwendet wird.

Wenn man nun auch diese 10% Hohlraum noch durch Zugabe von Sand ausfüllt und zur totalen Ausfüllung des Sandes wiederum Füllstoff verwendet, gelangt man zu einer sog. geschlossenen Mischung. Eine derartige Straßendecke haben wir auf S. 10 schon kennengelernt als „Topekatyp", in England auch wohl „fine graded asphaltic concrete" oder „stone filled topping" oder „reinforced sheetasphalt" genannt.

Der Bau. Der Steinschlagasphalt wird hierzulande in Stärken von 5—10 cm verwendet. Einer offenen Mischung wird man eine größere

Stärke geben, während man eine geschlossene Mischung mit feiner Körnergröße höchstens 6 cm stark macht. Je feiner die Mischung, um so größer der Widerstand gegen Verschleiß, und darum ist auch nur eine dünne Lage notwendig. Um die ganze Straßendecke wirklich stark zu machen, tut man besser eine offene Mischung von größerer Stärke zu wählen, wobei man dann noch den Vorteil hat, daß man die Dicke der Lage nach Fertigstellung des Weges ungefähr behält. Denn das ist der große Unterschied der zwei Bautypen in Steinschlagasphalt. Die offene Mischung fordert eine Abdichtungslage gegen Wassereindringung und Abbröckelung, während die geschlossene Mischung bis zur vollen Stärke verschleißt, ohne daß irgendwelche Oberflächenbehandlung nötig ist. Man erreicht hierdurch also nach mehreren Jahren den Punkt, daß die Decklage eine minimale Stärke bekommen hat und der Unterbau dann den ganzen Verkehr tragen muß.

Eine gute Stärke für eine offene Decklage ist 8 cm für das vermengte Material vor der Festwalzung. Man wählt hierfür eine Mischung wie die folgende:

40%	Steinschlag	3—4 cm
35%	„	2—3 „
25%	„	0,5—2 „ .

Auch kann man andere Mischungen wählen, wie z. B.:

75%	. . . .	2—4 cm
25%	. . . .	0,5—2 „ .

Diese Steinschlagmischung wird in einer Mengmaschine trocken gemengt, getrocknet und erhitzt bis 350° F. Gleichzeitig wird der sich entwickelnde Staub aus der Trockentrommel gesaugt. Danach wird das Material in einen Vorratbehälter befördert, in dem es automatisch abgewogen wird. Aus diesem Vorratbehälter wird das Material alsdann in einen Mischtrog geleitet. Gleichzeitig sind die Bitumenstoffe auf die gleiche Temperatur gebracht worden. Sie werden in einer Menge von $5^1/_2$% des Gewichtes des Steinschlages diesem zugefügt und mit Hilfe einer Rühreinrichtung so lange gemischt, bis jedes Stückchen Steinschlag vollkommen mit Bitumen umhüllt ist. Darauf wird die Mischung in die Transportwagen geschüttet, auf den Weg gefahren und in der erforderlichen Stärke ausgebreitet.

Dieses Ausbreiten des mit Bitumen bereiteten Steinschlages erfordert große Gewandtheit der Arbeiter. Die Ebenheit des zukünftigen Weges hängt hiervon in hohem Maße ab, und der Fortschritt des Baues ist damit eng verbunden. In erster Linie hat man dafür erwärmte Gerätschaften nötig, um das Material zu bearbeiten. Fortwährend müssen Gabeln auf einem Koksfeuer warm gehalten und dauernd durch warme ersetzt werden.

Abb. 5. Abladen und Ausbreiten des Steinschlagasphalts (Asphaltbeton).

Unmittelbar nach der Ausbreitung der Decklage wird diese einmal übergewalzt, um sie oberflächlich dicht und eben zu drücken. Hiernach wird die Oberfläche mit trockenem, reinem Split, d. i. Steinschlag in der Abmessung von 0,5—2 cm, bestreut. Diese Abdeckung geschieht in einer Stärke von 7—10 mm. Hierauf wird die Decklage vollkommen abgewalzt, an den Seiten beginnend nach der Mitte zu, und zwar so lange, wie noch Bewegung in der Mischung zu beachten ist. Nach einiger Zeit tritt der Augenblick ein, daß die Lage ihre größte Geschlossenheit erlangt hat oder daß das Bitumen so stark abgekühlt ist, daß mit der Walze kein Resultat mehr erreicht werden kann. In diesem Augenblick muß dafür gesorgt sein, daß die Decklage glatt und eben ist und ihr richtiges Profil erhalten hat, weil nach der Abwalzung nichts mehr am Profil verändert werden kann, es sei denn durch Ausfüllen unter dem Richtscheit, was aber nur einen mäßigen Erfolg haben kann.

Nachdem die Decklage fertig gewalzt ist, wird sie mit auf 350° F erhitztem Bitumen behandelt, der mit Gießkannen aufgegossen oder mit Sprengwagen auf den Weg gebracht wird. Man rechnet dabei ungefähr 3 kg auf den Quadratmeter. Zum Schluß wird diese bituminöse Lage noch mit feinem Steingrus von 5—10 mm abgedeckt, der mit der Walze in die Bitumenschicht fest eingedrückt werden muß. Nach der Abkühlung, also am folgenden Tage, kann der Weg dem Verkehr übergeben werden.

Der feine Steingrus wird die Oberfläche in der ersten Zeit noch etwas rauh halten, nach sehr kurzer Zeit ist er aber zum größten Teil in die Bitumenschicht eingedrückt und vollständig fest.

Bei dichtem Steinschlagasphalt geht man bis zu einer Steingröße von 3 cm. Bis jetzt hat man bei uns in Holland diese Art noch nicht gemacht, wohl aber in Amerika, wo diese Bauart unter der Bezeichnung von „Warrenite“ und „Bithulitic“ großen Beifall gefunden hat. Für eine dichte Mischung scheint Steinschlag nur dann den Vorzug vor Sand zu verdienen, wenn die Verstärkung durch Steinschlag für nützlich erachtet wird oder wenn vorherrschend Pferdeverkehr (eiserne Radreifen) stattfindet. Für besonders starken Verkehr nimmt man wohl vorzugsweise eine dichte Mischung von kleiner Körnergröße.

Hohlräume. Bei den dichten Mischungen, wie sie hier gemeint sind, muß man die Hohlräume der Steinmischung untersuchen, um danach eine Sandmischung mit oder ohne Füllstoff, jedoch vorzugsweise mit diesem, in einer Menge festzustellen, die mehr als hinreichend ist, um die leeren Räume auszufüllen.

Die Hohlräume einer Steinmischung untersucht man auf einfache Weise, indem man die Menge Wasser bestimmt, die 1 l Steinschlag zugefügt werden kann, um das Litermaß ganz auszufüllen. Für eine gut sortierte Steinmischung ist das 20% des Totalgewichtes. Unter der Walze soll man hiervon noch 10% wegnehmen können, so daß man die übrigbleibenden 10% mit Sand und Füllstoff ausfüllen muß.

Man nimmt dann ungefähr dreimal das Quantum, welches für diese Füllung nötig ist, weil man es für besser hält, daß die Steinstücke in ein Bett von Sand und Bitumen zu liegen kommen, als daß sie gegeneinander anstoßen.

Man kann den Hohlraum in einer Mischung auch bequem feststellen, wenn man das spezifische Gewicht des Steines (a), das Volumengewicht der kompakten Mischung (b) und das Gewicht eines gleichen Volumens Wasser (c) weiß. Der Prozentsatz an Hohlraum ist dann:

$$100 \frac{c - \frac{b}{a}}{c} = 100 \left(\frac{b}{a\,c}\right).$$

In nachstehender Tabelle sind die Siebproben von 3 erprobten Mischungen von Steinschlagasphalt wiedergegeben, die mit den Steinstücken bis zu $1^1/_4''$ gehen. Die Grenze zwischen Steinschlag und Sand liegt ungefähr zwischen $^1/_4''$ und $^1/_8''$.

Tabelle 20. Siebproben von dichtem Asphaltbeton.

Sorte	Mischung		
	I	II	III
Gehend durch Sieb Nr. 100	6,3%	8,0%	8,8%
„ „ „ „ 80	1,2%	1,0%	0,8%
„ „ „ „ 60	2,5%	3,2%	3,2%
„ „ „ „ 40	7,0%	6,1%	5,8%
„ „ „ „ 20	8,0%	13,0%	12,3%
„ „ „ „ 10	4,9%	10,2%	8,0%
„ „ „ „ 8	1,3%	3,8%	2,8%
„ „ „ „ 4	9,5%	17,0%	14,5%
„ „ „ „ 2	26,3%	19,2%	25,2%
„ „ „ „ $^3/_4''$	18,7%	13,7%	17,6%
„ „ „ „ 1''	12,8%	5,0%	0,0%
„ „ „ „ $1^1/_4''$	0,3%	6,0%	0,0%
Spezifisches Gewicht von Stein	2,93	2,97	2,86
„ „ „ Sand	2,70	2,70	2,63
Prozentsatz des offenen Raumes in Steinmischung	21.98	20,76	21,39
„ „ Bitumen	6,90	7,35	6,80

Abb. 6. Ausbreiten des Steinschlagasphalts auf der Unterbettung. Arbeiten der Westdeutschen Wegebaugesellschaft Düsseldorf bei Linz a. Rhein.

Abb. 7. Festwalzen der ausgebreiteten Steinschlagasphaltdecke.

XI. Asphaltmakadam.

Allgemeines. Unter Asphaltmakadam verstehen wir eine Bauart von Steinschlag mit Natur- oder Petroleumasphalt mit Hilfe der Tränkmethode. Der Steinschlag wird auf den Weg ausgebreitet, leicht gewalzt und dann mit Bitumen getränkt. Es ist die einfachste Bauart von Asphaltstraßen, und die einzige gute Seite davon ist, daß sie mit verhältnismäßig geringen Hilfsmitteln ausgeführt werden kann.

Indessen haften an diesem System einige Gebrechen, die den Erfolg einigermaßen unsicher machen. Die Mängel betreffen:

1. Die Verteilung des Bitumen.
2. Die Schwierigkeit, um die Decklage dichtzuwalzen.
3. Die Ungunst des Wetters.

Nachstehend sollen bei der Besprechung der Bauweise die Gründe für diese Behauptungen auseinandergesetzt werden. Der große Erfolg, den die Ausführung dieser Bauart hierzulande gehabt hat, muß in jeder Beziehung als Beginn der Asphaltperiode angesehen werden. Nach der Tränkmethode ist man zur Mischmethode übergegangen, und ohne Zweifel steht letztere auf einer viel höheren Stufe.

Auch was die Kosten angeht, steht Asphaltmakadam nicht mehr so günstig seinem Rivalen „Steinschlagasphalt" gegenüber, weil man bei letzterem eine Materialersparnis in Steinschlag wie auch in Bitumen machen kann als Gegengewicht gegen die teuerere Arbeitsmethode der Einhüllung des Steinschlags. Nimmt man bei Asphaltmakadam die Decklage in einer Stärke von 10 cm, so kann man sich bei Steinschlagasphalt ruhig mit 8 cm zufriedengeben, weil die Decklage festeren Zusammenhang hat und stärkeren Widerstand bietet, vorausgesetzt, daß der Steinschlag gleichmäßig mit Bitumen vermengt ist.

Arten. Auch bei Asphaltmakadam kann man von einer offenen und einer geschlossenen Bauart sprechen. Offen kann man sie dann nennen, wenn Petroleumasphalt als Bindemittel verwendet wird, während die Verwendung von Naturasphalt zu einer geschlossenen, wenigstens einer ganz vollgegossenen Bauart führt.

Die Qualität dieser beiden von einander abweichenden Bauarten ist verschieden, aber noch mehr die Anlagekosten. Während der offene Asphaltmakadam noch als der billigste Asphaltweg betrachtet werden

4*

kann, ist der andere — also der mit einer Anfüllung von Naturasphalt — ungefähr als der teuerste zu bezeichnen. Und damit ist das letztere System auch schon verurteilt, weil es eine Reihe anderer Bauarten gibt, die bei weitem den Vorzug vor diesem System verdienen und außerdem weniger kostspielig sind.

Bauart. Einstweilen werden beide Systeme noch angewendet, und wir werden gut tun, ihre Ausführung kurz wiederzugeben.

Der Asphaltmakadam unter Verwendung von Petroleumasphalt ist zum ersten Male im Jahre 1923 zur Anwendung gekommen auf der Reichsstraße in Nähe der „Haagsche Schouw" bei Wassenaar. Er wurde auf eine gewalzte Unterbettung gelegt, an deren Stelle auch eine alte Straßendecke treten kann. Die Decklage bestand aus Basaltschlag 3—5 cm und wurde in der Stärke von 13 cm auf den Weg gebracht. Diese Lage grober Steinschlag wurde leicht eingewalzt und danach mit dünnem, gut flüssigem Bitumen eingegossen, von dem auf den Quadratmeter ungefähr 11,6 kg kamen. Danach wurde die Decklage mit Basaltsplit bestreut und gründlich abgewalzt. Hierauf kam dann noch eine Decklage von Spramex bis zu einer Menge von 3,8 kg pro qm, die wiederum mit Split abgedeckt wurde, der auch wieder mit Hilfe der Walze festgedrückt wurde. Auf diese Weise sind in Holland Tausende von Quadratmetern angelegt worden, und das Resultat muß als gut bezeichnet werden. Die Schwierigkeit dieses Systems liegt in der gleichmäßigen Verteilung der Bitumenmasse. Diese wird mit Gießkannen in ziemlich kleinen Mengen auf die offen liegende Decklage gegossen, und man kann nicht feststellen, wo das Bindemittel bleibt. Ein großer Teil davon kommt an den Berührungsflächen der obenliegenden Steinstücke zu seinem Recht, aber zwischen die Steine und Steinchen kommen verhältnismäßig wenig Bindemittel, und gerade dort sollten sie in der Hauptsache an ihrem Platze sein.

Ein zweiter Nachteil ist in dem Festwalzen der Decklage zu suchen. Weil kein feinerer Steinschlag in die Decklage kommen darf, da dieser schädlich auf gute Eindringung des Bitumen wirken muß, enthält die Decklage ungefähr 40% Hohlraum. Hiervon kann man vielleicht 20% mit der Walze wegbringen, dagegen werden 20% Hohlraum unwiderruflich bestehen bleiben und das Vorhandensein dieser Leerräume kann schwerlich der Qualität der Arbeit zugute kommen. Bei einer örtlichen schweren Belastung ist eine Verschiebung der Steinstücke keine Unmöglichkeit.

Auch die Ausführung selbst bietet einige Schwierigkeiten. Der Erfolg der Anlage liegt zum großen Teil in dem guten Festkleben der Bitumenmasse am Steinschlag. Dies ist nur dann möglich, wenn der Steinschlag gut trocken ist und frei von anklebendem Schmutz. Hieraus folgt, daß bei Regen oder kurz danach nicht eingegossen werden kann und daß reiner Steinschlag erforderlich ist. Bei der Mischmethode, wie sie im vorigen Kapitel beschrieben worden ist, sorgt die Maschine für das Trocknen und Reinigen des Steinschlags.

Der Asphaltmakadam, in welchem der Naturasphalt (Asphaltmastix) verarbeitet wird, ist zweifellos von besserer Qualität, aber auch hier gelten die gleichen Nachteile, diejenigen des Festwalzens jedoch in geringerem Maße, weil dieses System die Decklage vollkommen mit dem Bitumenstoff durchtränkt.

Und das ist bei dieser Bauweise auch möglich, weil das hierbei gebrauchte Bindemittel höchstens 10% reinen Bitumen enthält, so daß von Weichwerden nicht so schnell die Rede sein kann. Und doch ist dies wohl eine schwache Seite des Systems. Der Bitumen wird in einer so großen Menge zugefügt (± 50 kg per Quadratmeter), daß namentlich auf der Oberfläche eine große Zusammenhäufung entsteht, wodurch bei warmem Wetter durch stillstehende Gegenstände schnell Eindrücke auftreten.

Da die Arbeit bei Anlage von Asphaltmakadam in hohem Maße vom Wetter abhängig ist, muß man in Holland auf eine ziemlich lange Dauer bei der Ausführung rechnen. Während man bei gut organisierter Ausführung mit der Mischmethode täglich bis zu einer Produktion von 1200 qm kommen kann, beschränkt sich die Tagesleistung in Asphaltmakadam auf ein Maximum von 500 qm. Die Durchschnittsleistung einer großen Anzahl Arbeitstage wird zwischen beiden Systemen noch größere Unterschiede aufweisen, weil eben die Mischmethode weniger durch das Wetter behindert wird als das Tränkverfahren.

Der Asphaltmakadam, eingegossen mit Naturasphalt, wurde in Holland bekannt unter den Namen „Nacovia“ oder „Penetrofalt“: es sind Handelsnamen, und die Unterschiede sind in den verschiedenen Sorten des natürlichen Bitumen begründet.

XII. Die Unterhaltung von Asphaltwegen.

Über Stampfasphalt. Die Unterhaltung von Stampfasphalt beschränkt sich auf die Beseitigung von Abbröckelungen, die mit der Zeit an dünnen Stellen entstehen können oder auch durch Risse in der Betonunterlage. Denn es ist eine Tatsache, daß Stampfasphalt, der einige Jahre liegt, eine derartige Dichtigkeit und Härte bekommt, daß jeder Riß, der im Beton entsteht, auch in der Asphaltlage zum Vorschein kommt.

Ein derartiger Riß hat meist unregelmäßige Formen und ist gewöhnlich mit einer örtlichen Abbröckelung der Decklage verbunden. Dergleichen Stellen muß man aushacken und in der vollen Stärke beseitigen, worauf sie dann mit Streichasphalt oder auch mit dem gleichen Stampfasphaltpulver wiederhergestellt werden können.

Im übrigen hat man bei Stampfasphalt keine besondere Unterhaltung nötig. Man kann ihn verwenden bis zur vollständigen Abnutzung, was jedoch nur bis auf eine 1 cm übrigbleibende Stärke möglich sein wird. Dann kommt bald die Zeit, daß die Reparaturen zu groß werden und daß gänzliche Erneuerung der Decklage nötig ist. Der Stampfasphalt läßt sich recht bequem von der Betonunterlage entfernen, er klebt nicht fest an ihr. Der ausgebrochene Asphalt kann beim Einschmelzen des Streichasphalts wieder gebraucht werden.

Plattenasphalt. Diese Methode verlangt ebenfalls keine besondere Unterhaltung. Hierbei kann aber der Fall eintreten, daß nach kurzer Zeit einzelne Platten, die von abweichender Herstellung sind, abbröckeln. Derartige Platten kann man auf ganz einfache Weise aushacken und durch neue ersetzen. Man muß dabei aber Rücksicht auf die Stärke nehmen und bei großer Abnutzung der Asphaltdecke Platten von geringerer Stärke für die Ausbesserung einsetzen.

Bei den Asphaltblocks, die von größerer Stärke wie die Platten sind, ist das Ausbessern nicht so einfach wie bei den Stampfasphaltplatten, die ziemlich leicht unter dem Brecheisen springen. Blocks sind durch ihren Gehalt an Stein weniger geneigt zum Springen und darum weniger bequem aufzuräumen. Beginnen die Blocks an den Nähten abzubröckeln, wird der Zeitpunkt eintreten, daß die Unebenheiten zu groß befunden werden und daß man dann überlegen muß: Erneuerung oder eine Sandasphaltdecke darüberlegen und walzen.

Guß- oder Streichasphalt. Auch diese Pflasterung hat keine andere Versorgung nötig als die Erneuerung von frühzeitig abgenutzten Stellen und evtl. das Erneuern der Decklage, sobald sie bis auf eine ganz geringe Dicke abgenutzt ist.

Sandasphalt ist ebenso wie alle dichten Asphaltpflaster vollkommen frei von Unterhaltung. Wohl kann sich beim Gebrauch einer Betonunterbettung der Fall ereignen, daß ein Riß im Beton sich im Asphaltpflaster fortsetzt. Solange der Riß den Verkehr nicht hindert, braucht man nichts daran zu tun, verbreitert sich die beschädigte Oberfläche, wird man einen Streifen beseitigen müssen und ihn mit der gleichen Mischung wie ursprünglich ausfüllen und dann stampfen oder walzen.

Das gleiche kann man tun, wenn sich nach einiger Zeit Löcher bilden oder wenn durch äußere Ursachen oder auch infolge Aufreißens der Pflasterung neue Stücke eingesetzt werden müssen. Man muß aber hierbei stets daran denken, die Ränder mit flüssigem Bitumen zu bestreichen, um eine möglichst feste Verbindung der Platten untereinander herzustellen. Von der Mischung kann man bei der Anlage des Weges plattenförmige Stücke reservieren, die für die Ausbesserungsarbeiten angewärmt werden können. Hierbei muß man dafür sorgen, daß die Stücke nicht verbrennen oder sich in ihrer Mischung verändern.

Steinschlagasphalt. Der dichte Steinschlagasphalt ist, was die Unterhaltung betrifft, dem Sandasphalt gleichzustellen. Nur wird man bei großem Steingehalt eher dünne Stellen bekommen, die Neigung zur Grubenbildung haben. Derartige Stellen wird man am besten rechtzeitig behandeln, indem man sie mit warmem Bitumen leicht bestreicht und mit Sand abdeckt. Übrigens kann man den dichten Steinschlagasphalt auch abnutzen, ohne daß eine oder die andere Unterhaltungsmaßnahme nötig ist.

Der offene Asphaltbeton verlangt Instandhaltung der Abdichtungslage, die zugleich Verschleißlage ist. Durch Unterhaltung dieser Verschleißlage hält man auch die Decklage in ihrer vollen Stärke instand und wird diese, was die Widerstandskraft angeht, nicht nennenswert abnehmen.

Die Instandhaltung der Verschleißlage wird man nach Bedarf in jedem Falle besonders regeln müssen. Im allgemeinen wird der mittlere Streifen des Weges sich mehr abnutzen wie die Ränder, so daß die Mitte mehr Versorgung fordern wird. Einmal per Jahr wird eine Besprengung mit warmem Bitumen nur bei sehr starkem und schwerem Verkehr nötig sein. Es werden sich aber viele Fälle ergeben, bei denen alle 2 oder 3 Jahre, und dann noch nicht einmal über die volle Breite der Straße, eine neue Behandlung notwendig sein wird.

Asphaltmakadam wird genau dieselbe Unterhaltung verlangen wie offener Steinschlagasphalt. Möglich ist aber, daß bei diesem schneller

Unebenheiten auftreten. In der Sommerzeit wird man diese mit Hilfe von bituminösem Split und einer Dampfwalze in der Hauptsache beseitigen können. Nach Einwalzung von etwas Split, wobei man sparsam zu Werke gehen muß und gut das Richtscheit gebrauchen muß, um zu verhindern, daß man an Stelle eines Loches einen Buckel macht, muß man die ausgefüllten Stellen mit etwas Bitumen und einigem Sand abdecken. Danach kann die ganze Oberfläche mit Bitumen behandelt werden.

Bei großen Unebenheiten tut man besser, ein Loch über die volle oder halbe Stärke aufzuhacken, hier hinein neuen Steinschlag zu legen und mit Bitumen anzugießen, genau auf dieselbe Weise, wie die ursprüngliche Decklage gelegt worden ist.

XIII. Teersteinschlag.

Allgemeines. Durch die große Entwicklung der Asphaltstraßen ist der Teerweg etwas unverdient in den Hintergrund geraten. Diese Vernachlässigung ist um so mehr zu betrauern, als es doch noch viele Fälle gibt, in denen der Teersteinschlag wohl den Anforderungen entsprechen kann. Im besonderen muß an die Wege mit leichtem Schnellverkehr gedacht werden.

Die Ursache dieser Zurücksetzung der Teerstraße ist einigermaßen zu begreifen, weil der Asphaltweg ohne Zweifel dauerhafter ist und seine Anlagekosten die von Teersteinschlag nicht erheblich übertreffen. Man vergißt aber hierbei, daß die Teerstraße in einer Hinsicht noch der Asphaltstraße vorzuziehen ist: sie ist weicher, ebener, geschmeidiger und weniger glatt. Infolge des viel leichteren Bindemittels kann man den Weg viel länger und viel flacher walzen als den Asphaltweg, und nach der Fertigstellung hat er nicht die Härte von diesem. Die Folge davon ist, daß er für den leichten Schnellverkehr angenehmer im Gebrauch ist. Im übrigen ist er in bezug auf Dauerhaftigkeit, Tragfähigkeit und Empfindsamkeit gegen Witterungseinflüsse geringwertiger wie sein Verdränger.

Bauart. Teersteinschlag für Fahrwege kann eigentlich nur auf eine einzige Art hergestellt werden, und zwar mit Hilfe der Mischmethode. Hat man bei Asphaltsteinschlag noch die Möglichkeit, mit Hilfe des Tränkverfahrens eine gute Straßendecke zu schaffen, so ist bei Verwendung von Teer die Aussicht hierfür so gering, daß man die Mischmethode anwenden muß.

Eine geschlossene dichte Decke ist bei Teerwegen nicht erwünscht. Bei großer Wärme wird der Teer weich, und dann ist sehr zu wünschen, daß man einigen Hohlraum in der Decklage hat, um als Reservoir für den Teer zu dienen, der durch die Wärme an einer Stelle, wo er überflüssig, freigeworden ist. Auf diese Weise verhindert man das sog. „Bluten" der Decklage, d. h. die Abscheidung von Teer nach der Oberfläche zu, was eine höchst unangenehme Eigenschaft etlicher Teerwege ist.

Man muß im übrigen Teersteinschlag wie offenen Steinschlagasphalt behandeln. Der einzige Unterschied besteht darin, daß man an Stelle von Bitumen Teer verwendet. Viel kommt aber auch darauf an, welche

Sorte von Teer man hat. Als Regel muß gelten, den Teer etwas zu verbessern und seine weniger guten Eigenschaften durch Hinzufügung eines gewissen Prozentsatzes von Petroleumbitumen zu beseitigen. Diese Beimengung kann 10—30% betragen, je nach Verkehr und Lage der Straße.

Teer eignet sich besonders schlecht für feuchte Wegestellen. Er hat dann im Winter wenig Widerstandskraft und kann Anlaß für Aufweichen der Straßendecke und sogar für Schlammbildung geben.

Eine zweckmäßige Bauart für eine Straßendecke ist somit die Verwendung einer Mittelsorte von Steinschlag mit etwa 6% Bindemitteln, und zwar 80% aus Teer, der bis zu 250° C abdestilliert ist, und 20% aus Petroleumbitumen.

Man kann der Decklage eine Stärke von 10 cm geben: 8 cm können etwas groberer Steinschlag sein, z. B. 3—4 cm, die oberen 2 cm der Decklage macht man von Steinschlag in 2—3 cm Abmessung. Als Abdeckung bevorzuge man Petroleumbitumen (Spramex und grober Basaltsand).

Für Teersteinschlag darf man nicht zu schwere Walzen verwenden, wohl aber sind Walzen mit breiten Hinterrädern erforderlich. Durch langes Walzen und kleinen Walzendruck erreicht man das meiste. Während der Sommerhitze darf man in den Mittagsstunden nicht walzen, die Morgenzeit ist dann die beste.

Nachdem die Teersteinschlagdecke abgewalzt ist, darf sie nicht sofort dem Verkehr übergeben werden. Einige Tage Ruhe sind erforderlich, um das Bindemittel zum Erstarren zu bringen und Formveränderungen zu verhindern.

Unterhaltung. Die Unterhaltung von Teersteinschlag liegt in der Pflege der Abdichtungslage. Kann man diese gut instand halten, so ist darin der Beweis für eine wohlgelungene Bauart zu erblicken.

Einige Gruben, die während des Winters sich gebildet haben mögen, können mit warmem Bitumen bestrichen und dann mit feinem Material ausgefüllt werden. Die Ringstraßen in Arnhem sind bereits mehr als 10 Jahre alt und haben den Beweis geliefert, daß Teersteinschlag bei guter Unterhaltung und bei mäßigem Verkehr eine billige Wegeanlage sein kann.

XIV. Bituminöse Oberflächenbehandlung.

Allgemeines. Es gibt eine ganze Anzahl von Methoden für Oberflächenbehandlung bei Steinschlagwegen oder ähnlichen Arten von Straßen. In einzelnen Fällen hat man damit hauptsächlich Staubbekämpfung im Auge, in vielen Fällen handelt es sich aber um Unterhaltungsmaßregeln: eine Notmaßregel könnte man sagen, um eine Straßendecke vor allzu schnellem Untergang zu bewahren.

Man kann sagen, daß ein gewöhnlicher Steinschlagweg durch eine Behandlung mit Teer oder Bitumen dauerhafter und geeigneter für Schnellverkehr wird. Durch eine Oberflächenbehandlung sorgt man, falls sie glückt, in vielen Fällen auf billige Weise für Unterhaltung des Weges. Mißglückt sie, dann bedeutet sie verlorene Mühe und Geldverschwendung.

Man kann durch Erfahrung klug werden, aber auch Sachkenntnis kann uns gegen Unglücksfälle schützen. Darum ist es für den Sachverständigen auch ziemlich leicht, von vornherein zu sagen, ob eine Oberflächenbehandlung gelingen wird oder nicht. In dieser Beziehung muß berücksichtigt werden, daß nicht allein die Frequenz des Verkehrs, sondern auch die Lage des Weges, sein Zustand, die Umgebung und Qualität der Straßendecke auf das Gelingen einer bituminösen Behandlung der Oberfläche von großem Einfluß sind.

Was zunächst den ersten Punkt betrifft, kann man annehmen, daß ein gemischter Verkehr von 1000 t per Tag das Ergebnis einer Oberflächenbehandlung zweifelhaft macht.

Das Teeren von Wegen. Die älteste und meistbekannte bituminöse Behandlung ist die mit Teer. Dieses Material kann warm auf den Weg aufgestrichen oder gesprengt werden und liefert dann ein gutes Bindemittel für die Oberfläche der Straßendecke. Der Teer dringt einige Millimeter, manchmal auch Zentimeter, in die Decklage ein und bildet mit dem Abdeckungsmaterial eine weiche, staubbindende Decke.

Nun ist Teer in vielen Fällen nicht stark genug; das Material ist ziemlich empfindlich gegen Witterungseinflüsse und verliert an der Luft an seiner Zusammensetzung, und damit an seiner Haltbarkeit.

Für Straßen mit überwiegend leichtem Verkehr und günstig gelegen ist Teerbehandlung häufig die richtige Wahl. Die Decke wird dadurch instand gehalten, und der Oberflächenverschleiß beschränkt sich auf die Teerlage.

Um eine Straße mit Erfolg teeren zu können, muß man total wasserfreien oder sog. präparierten Teer gebrauchen. Näher beschrieben im Kapitel XV.

Eine zweite Bedingung bezieht sich auf die Art der Straße selbst. Diese muß wenig Bindemittel, im besonderen wenig lehmhaltige Bindemittel aufweisen. Die Decke muß weiterhin ausreichend rein gefegt werden können, damit der Teer sich an den Steinstücken festsetzt und nicht am Schmutz, der die Steinstücke bedeckt und der bei Regenwetter wieder aufweicht.

Man muß den Teer unter einer Temperatur von 110—130° C auf den Weg sprengen oder streichen. Sprengen ist besser bei lose liegenden Straßendecken, die man nicht vollkommen rein fegen kann. Bei festen Wegen kann man mit ebensoviel Erfolg den Teer mit Bürsten aufstreichen, die in Eimer mit warmem Teer eingetaucht werden.

Nachdem der Teer auf den Weg gebracht worden ist, wird er mit Split oder Kiessand abgedeckt. Hierfür muß grobkörniges Material gebraucht werden, welches sich in den Teer festsetzt und schließlich durch den Verkehr fest eingefahren und teilweise auch zerdrückt wird. Feinkörniger Sand nimmt den Teer auf, um danach mit dem Teer zusammen im Winde zu verschwinden.

Bituminieren. Für eine Behandlung mit Petroleumbitumen nimmt man hierzulande allgemein Spramex. Er ist zäher wie Teer und hat dauerhaftere Eigenschaften. Wärme und Kälte haben nicht soviel Einfluß auf ihn und ebensowenig die Feuchtigkeit. Spramex läßt sich aber schwieriger verarbeiten. Bei starker Sommerhitze ist es ziemlich einfach, bei einigermaßen kühlem Wetter verlangt er viel Brennstoff und flotte Ausführung. Weil er beträchtlich steifer wie Teer ist — er gehört zu den halbfesten Bitumensorten —, verlangt er eine viel größere Erhitzung. Die Temperatur des Materials muß auf ungefähr 360° F gebracht werden, um den größten Grad von Flüssigkeit zu erreichen, die nötig ist, um das Material dünn verteilen zu können. Denn Spramex muß vor allem dünn verarbeitet werden. Auf rauhen Steinschlagwegen wird man ein Maximum von $2^1/_2$ kg per qm gebrauchen können, während man mit 1 kg per qm auf schon früher behandelten Straßen auskommen kann. Bei gutem Teersteinschlag oder Asphaltweg wird man vielleicht mit 0,75 kg per qm genug haben.

Für eine erste Behandlung ist Spramex jedoch weniger geeignet. Er läßt sich auf einen staubigen oder feuchten Weg nicht ausstreichen. Er rollt dann zusammen und heftet sich nicht an den Steinschlag.

Man tut daher besser, als Regel gelten zu lassen, den Weg fürs erstemal mit Teer zu behandeln. Nachdem man auf diese Weise ein

Abb. 8. Oberflächenbehandlung mit Spramex.

bituminöses Bindemittel auf die Decke gebracht hat, kann eine erneute Behandlung mit Spramex sehr leicht und auch ökonomisch Platz greifen. Statt Teer kann man für diesen Zweck auch eine Asphaltemulsion anwenden. Um Betonwege mit Erfolg mit Spramex behandeln zu können, muß man die Oberfläche bei der Anlage flach scheuern und die sogenannte Betonmilch von der Oberfläche waschen, damit der Spramex eine gute Anhaftung erhält. Vor einer Spramexbehandlung muß der Weg wieder gut rein gefegt werden. Danach wird der erwärmte Bitumen aufgegossen und mit Gummistreichern flach gestrichen, um Anhäufungen von Bitumen oder magere Stellen zu verhüten.

Unmittelbar nach dieser Bituminierung muß der Weg mit feinem Split oder Kiessand bestreut werden in 7—10 mm Dicke, und wenn eine Dampfwalze zur Verfügung steht, ist es, namentlich bei geringem Verkehr, sehr nützlich, dieses Steinmaterial leicht einzuwalzen, indem man einmal mit der Walze darüberrollt.

Überflüssiges Material wird innerhalb einiger Tage sich loslösen und nach den Seiten der Straße abrollen. Man tut dann gut, es nach der Mitte zu fegen, damit bei warmem Wetter und starkem Verkehr wiederum ein größerer Prozentsatz davon in die Spramexlage aufgenommen wird.

Auf diese Weise erhält man eine Lage von einigen Millimetern Dicke, die aus feinem Steingrus mit Bitumen besteht, und diese Abdeckung kann man als eine starke, zähe und fest zusammenhängende Verschleißlage ansehen. Ist sie verbraucht, muß sie erneuert werden. Bei starkem Verkehr ist dies jedes Jahr der Fall, bei weniger schwerem oder intensivem Verkehr kann die Abnutzungslage 2 oder 3 Jahre halten. Spramex hat eine Penetration von 190—200 Dow, das spez. Gewicht ist 1.

Für maschinelle Verarbeitung von Bitumen sind verschiedene Maschinen im Handel, von denen keine vollkommen ist. Man kann in dieser Beziehung sagen, daß bei der Sprengmaschine bei kühlem Wetter viel Aussicht auf Verstopfung der Rohrleitungen oder Schläuche besteht und daß bei Maschinen ohne Pumpeneinrichtung, wo also das Bitumen durch die Schwerkraft ausfließt, ein unzureichender Abfluß entsteht, sobald das Material in den Rohrleitungen aus Mangel an Druck abkühlt. Vielleicht bringt die nächste Zukunft auf diesem Gebiete etwas Gutes heraus, was billigen Forderungen entspricht.

Teermischungen. Seit einer Reihe von Jahren sind hier und da Teermischungen auf den Markt gebracht worden. Der Vorteil derartiger Präparate besteht darin, daß sie mit Wasser verdünnt und deshalb kein Feind von feuchten Wegen sind. Sie können also auch bei nassem Wetter verarbeitet werden.

Dies ist eine sehr angenehme Eigenschaft. Übrigens bringen sie durch ihre Verdünnung nur eine ganz dünne Lage Teer auf den Weg und sind somit mehr Staubbekämpfer als Unterhaltungsmittel. Das Neueste auf diesem Gebiete ist die von Dr. Erslev erfundene Mischung, der eine Lösung in den Handel gebracht hat, welche 5—10% Teer enthält und mit einem gewöhnlichen Wassersprengwagen ausgesprengt werden kann.

Diese Mischung hat als Staubbekämpfer gute Dienste geleistet: um jedoch gute Resultate zu erzielen, muß die Besprengung jede Woche wiederholt werden, und man kann das Unglück haben, daß durch einen schweren Regenfall die Mischung, bevor sie sich festgesetzt hat, schon wieder fortgespült worden ist.

Die Teerlage, die eine Besprengung mit diesem Material auf dem Weg zurückläßt, ist so dünn, daß keine Abdeckung nötig ist. Sie zieht vollkommen in die Decke ein, welche nach mehrmaliger Besprengung ein dunkles, bituminöses Aussehen erhält. Zur Verstärkung des Weges trägt sie nur in geringem Maße bei.

Asphaltmischungen. Etwas anderes ist es mit den Asphaltmischungen, welche jetzt erhältlich sind. Wir kennen hier ein derartiges Präparat als „Cold Spray" und „Sproeifalt". Beide sind gemischte Petroleumbitumen (Emulsionen) und enthalten ungefähr 50% dieses Grundstoffes.

Die Verwendung dieser Mischungen ist sehr einfach. Sie werden in ziemlich dickflüssigem Zustand auf den Weg ausgestrichen, der zu diesem Zwecke gründlich naß gesprengt werden muß. Nach einigen Stunden hat sich dann das Wasser von den bituminösen Grundstoffen abgeschieden und man behält ein dünnes Häutchen von Bitumen übrig. Diese Mischungen verlangen eine Abdeckung mit Kies oder Steingrus, genau so wie bei Verwendung von warmem Teer und Bitumen.

Der große Vorteil solcher Mischungen ist, daß sie auch bei schlechtem Wetter verarbeitet werden können und daß sie nicht, wie bei den zuerst besprochenen Oberflächenbehandlungen, einen trockenen Weg und gutes Wetter verlangen und eine kostspielige Verarbeitung mit sich bringen. Diese Stoffe sind sehr einfach zu verarbeiten. Ihr Kolloidalzustand hört ziemlich schnell nach der Verarbeitung auf, so daß der behandelte Weg nach der Abdeckung innerhalb weniger Stunden eine harte Oberfläche hat. Außerdem ist die Erhitzung des gewöhnlichen Bitumen eine recht teure Angelegenheit.

In der Praxis wird nun noch zu prüfen sein, ob die Mehrkosten der Mischungen die teuere Verarbeitung des gewöhnlichen Bitumen aufwiegen und ob das damit erzielte Resultat als gleichgut zu betrachten ist.

Wie schon bemerkt, wird man bei der gleichen Menge, die verarbeitet worden ist, per Quadratmeter weniger Bitumen auf dem Weg zurückbehalten. In vielen Fällen wird aber zuviel Bitumen auf den Weg gestrichen. Eine dünne Lage wird meistens ebensogut, wenn nicht besser sein.

Abb. 9. Fertige Landstraße in Steinschlagasphalt (Asphaltbeton).

Abb. 10. Spramexen der fertigen Steinschlagasphaltdecke. Arbeiten der Westdeutschen Wegebaugesellschaft Düsseldorf bei Linz a. Rhein.

Für dringende Reparaturen von Teer- und Asphaltsteinschlagwegen wird die Asphaltmischung aber jedenfalls gute Dienste leisten können, falls man für eine kleine Menge die Anfuhr eines Heizkessels für zu beschwerlich erachtet.

Abdeckungsmaterial. In bezug auf die Art des Abdeckungsmaterials bestehen noch verschiedene Auffassungen. Einige Sachverständige sind der Ansicht, daß Grobsand (sog. Arnheimscher Sand) die gleichen Dienste leistet wie Steingrus. Andere wieder geben dem Steingrus den Vorzug und bevorzugen dann eine weiche Steinsorte wie Porphyr oder Grès (Sandstein) aus Belgien. Schließlich ist eine Strömung bemerkbar, die harten Steingrus bevorzugt, und zwar aus dem Grunde, weil hiervon wenig zermahlen, wohl aber viel zerbrochen wird, und weil die scharfkantigen Stückchen in den ersten warmen Tagen von der Bitumenlage aufgenommen werden. Die Freunde der harten Gesteinsorten erklären weiter, daß die Bitumenlage aus hartem Gestein dem Verkehr mehr Widerstand bietet als das weichere Material unter gleichen Verhältnissen. Versuche, die in dieser Beziehung in Süd-Limburg ausgeführt worden sind, fielen zugunsten des harten Materials aus.

Diejenigen, welche weiches Material vorziehen, erklären dies auf Grund der Theorie, daß sich durch das Zermahlen der Steinstückchen eine Art Sandasphaltlage auf der Decke bildet. Hiergegen muß man jedoch sagen, daß ein großer Teil des zermahlenen Materials durch den Wind und den Schnellverkehr weggeführt wird, was bei harten Gesteinsorten nicht der Fall ist.

XV. Prüfung und Zusammenstellung der bituminösen Materialien.

Allgemeines. Prüfung und Wahl der bituminösen Stoffe, in engerem Sinne Bitumen und Teer, ist eine Arbeit, die hauptsächlich im Laboratorium ausgeführt werden muß. Und da nicht jedermann über ein solches verfügt, wird zur Durchführung von gewissen Prüfungen nichts anderes übrigbleiben, wie ein Muster nach der Prüfungsstelle zu schicken.

Für einige einfache Untersuchungen sind wenig Instrumente und auch nur oberflächliche Spezialkenntnisse nötig. Da es jedoch erwünscht ist, gewisse Kenntnisse der Anforderungen zu besitzen, die an diese Materialien gestellt werden müssen, so sollen nachstehend die Hauptkennmale in kurzen Zügen besprochen werden. Für den Liebhaber sind die Siebproben wie auch etliche andere Untersuchungen recht interessante Arbeiten.

Ebenso wichtig wie Kenntnis der Kennmale ist die Kenntnis der Zusammensetzung der verschiedenen Stoffe. Besonders bei den asphaltartigen Sorten, wie Trinidad, Shelfalt, Val de Travers usw., ist dies von Bedeutung, weil sie zwar gleiche Namen tragen, aber doch sehr verschieden nach Art und Zusammensetzung sein können.

Die Ausführungen über diese Stoffe sind in dem Buch „Wegenbouw" wegen der neueingeführten Benennungen und infolge der großen Fortschritte der Technik in dieser Materie nicht mehr erschöpfend für die Asphaltsorten. Nachstehend habe ich mich auf die Besprechung über die gebräuchlichsten Sorten beschränkt, wie sie in Holland bereits Verwendung gefunden haben oder ernstlich dafür in Frage kommen.

Trinidadasphalt. Trinidadasphalt ist ein Naturprodukt, welches in dem Asphaltmeer von Trinidad gewonnen wird und eine natürliche Quelle ist, die jährlich Tausende von Tonnen liefert und fürs erste nicht den geringsten Anschein macht, erschöpft zu werden. Auf diesem Naturprodukt, das länger bekannt ist wie die Petroleumprodukte, hat sich die ganze Asphaltpflastertechnik aufgebaut und man kann annehmen, daß die Pflasterungen mit diesem Bitumenstoff noch immer im Vordergrund stehen.

Der Trinidadasphalt wird mit Spitzhacken aus dem Boden des ausgetrockneten Meeres ausgehackt und enthält dann nur einen geringen

Prozentsatz an Bitumen. Die Untersuchung ergab folgende Bestandteile:

Flüchtige Teile bei 212° F	29 %
Bitumen, löslich in CS_2	39 %
Mineralische Bestandteile (Asche)	27,5%
Unlösliche organische Bestandteile	4,5%
	100 %

Der rohe Asphalt wird nach der Gewinnung sofort in Raffinerien, die in der Nähe liegen, überführt und dort gereinigt. Eine Analyse des in den Handel gebrachten, raffinierten Asphalts oder des sog. Trinidad-épuré ergab folgende Zusammensetzung:

Bitumen, löslich in CS_2	56,5%
Mineralische Bestandteile (Asche)	38,5%
Unlösliche organische Bestandteile	5 %
	100 %

Man ersieht daraus, daß Trinidad-épuré noch einen beträchtlichen Prozentsatz an mineralischen Stoffen enthält. Diese kommen in äußerst feinem Zustand und im Kolloidalzustand im Asphalt vor. Diese Eigenschaft unterscheidet ihn von allen anderen Asphalten, und sie verleiht ihm nach Vielen eine ganz besondere Stellung in der Asphalttechnik.

Wir kennen den Trinidadasphalt nur in raffiniertem Zustand. Er hat dann ein spez. Gewicht von 1,40, einen Schmelzpunkt von 185° F = 85° C und einen Flüssigkeitspunkt von 235° F = 112° C, während die Penetration bei 77° F = 25° C nur 2—4 beträgt.

Der Trinidad-épuré ist an und für sich ungeeignet für Asphaltpflaster. Er muß hierzu weicher (man kann auch sagen flüssiger) gemacht werden, um eine größere Penetration zu bekommen. Das gebräuchlichste Mittel dazu ist ein Petroleumbitumen, von dem höchstens 25% des Gewichts dem Trinidad hinzugefügt wird. Die erforderliche Penetration des zugefügten Bitumen wird durch die gewünschte Penetration der Mischung bestimmt. Der Bitumen wird dem Trinidad im Schmelzkessel hinzugefügt, nachdem der Trinidad-épuré vorerst auf eine Temperatur von 350° F = 175° C gebracht worden ist. Mit Hilfe von Luftpumpen erhält man dann eine homogene Mischung. Die Prüfung des Trinidad-épuré ist ausschließlich Laboratoriumsarbeit. Im Bruch ist er für den Laien an seinem matten Glanz erkennbar, für Bestimmung des Bitumengehaltes, des Schmelzpunktes und der Penetration ist aber ein Laboratorium nötig. Die Normen für diese Untersuchungen sind obenstehend aufgeführt.

Asphaltpulver. Im Kapitel VI über Stampfasphalt ist auf S. 26 schon über die Herkunft und den Bitumengehalt des gemahlenen Asphaltsteins gesprochen.

Wir kennen bei uns ausschließlich den europäischen Asphaltkalkstein, der in rohen Stücken oder auch wohl in gemahlenem Zustand eingeführt wird. Die Güte der verschiedenen Sorten gibt wenig Veranlassung zu kritischen Betrachtungen. Sie sind, falls nicht gefälscht, und wenn man die Herkunft genau weiß, alle gut. Aus nachstehender Tabelle von Dietrich geht hervor, daß eine Sorte etwas mehr Bitumen oder etwas weniger Kalk enthält wie die andere, und diese Verschiedenheit macht es in bestimmten Fällen notwendig, zwei Sorten zu mischen, z. B. ein fettes und ein mageres Pulver, um den bestimmten und erwünschten Bitumengehalt zu erhalten.

Tabelle 21. Zusammensetzung europäischer Asphaltkalksteine.

Bestandteile	Val de Travers	Seyssel Pyimont	Lobsann	Ragusa	Limmer	Vorwohle
Bitumen	10,15	8,15	12,32	8,92	14,30	8,50
Kohlensaurer Kalk	88,40	91,30	71,43	88,21	67,00	80,04
Lehm und Eisenoxyde	0,25	0,15	5,91	0,91	} 17,52 (Lehm und Eisenoxyde bis unlösl. Stoffe)	} 4,03 (Lehm und Eisenoxyde, Schwefel)
Schwefel	—	—	5,18	—		
Kohlensaure Magnesia . .	0,30	0,10	0,31	0,96		0,55
Sand	—	—	3,15	0,60		} 4,77 (Sand, Andere in Säuren unlösl. Stoffe)
Andere in Säuren unlösl. Stoffe	0,45	0,10	—	—		
Verlust	0,45	0,20	1,70	0,40	1,18	2,11

Es ist nicht möglich, für Stampfasphaltpulver einen bestimmten Bitumengehalt als Qualitätsnorm vorzuschreiben. Die Feinheit der mineralischen Bestandteile hängt damit eng zusammen wie auch die Zusammensetzung des Gesteins selbst. Wohl kann man annehmen, daß der Bitumengehalt zwischen 8 und 11% des Gewichtes liegen muß. In Paris ist der Spielraum noch größer, nämlich zwischen 7 und 13%, während Rotterdam in seinen Vorschriften 10—14% nennt. Auch kann man vorschreiben, daß der Stein so fein gemahlen sein muß, daß auf einem Sieb mit 3-mm-Maschen nichts übrigbleibt.

Um sicher zu gehen, daß sich keine flüchtigen Öle mehr im Pulver befinden, kann man als Probe dafür noch den Gewichtsverlust bei längerer Erhitzung feststellen. Als Regel kann man festhalten, daß der Gewichtsverlust höchstens 2% betragen darf, wenn man das vollkommen trockene Pulver während 6 Stunden einer Temperatur von 225° C aussetzt.

Asphaltmastix. Dieses Produkt wird hierzulande hergestellt, wird aber auch eingeführt. Er ist in der Form der bekannten Brote im Handel und besteht aus Asphaltpulver, das durch Goudron, eine künstliche Bitumenmischung, verreichert ist. In der Regel hat der Asphaltmastix einen Bitumengehalt von 14—20% und kann ohne weitere Bearbeitung nach der Erhitzung ausgestrichen werden und somit als Gußasphalt gebraucht werden. Will man ihn in eine Steinschlaglage eingießen, wird er nochmals eingeschmolzen und durch Beigabe von Petroleumbitumen noch etwas reichhaltiger und weicher gemacht. Der Bitumengehalt ist bei Asphaltmastix wohl der wichtigste Faktor. Man kann ihn nur im Laboratorium feststellen. Der Vorteil des Asphaltmastix besteht darin, daß man durch die fabrikmäßige Zubereitung eines ganz gleichbleibenden Bitumengehalts und einer ganz bestimmten Marke von Bitumen versichert sein kann. Im übrigen wird die Qualität des Asphaltmastix hauptsächlich durch die Sorte des verwendeten Asphaltkalksteins bestimmt. Ein guter Asphaltmastix darf keine anderen Bestandteile wie Asphaltpulver und Goudron enthalten. Das Verhältnis beträgt etwa 100 : 20. Und da 100 kg Asphaltpulver mit 10% Bitumen 10 kg Bitumen enthalten und 20 kg Trinidadgoudron mit einem Bitumengehalt von ungefähr 65% 13 kg Bitumen enthalten, so kommt die Mischung von 120 kg auf ein Totalbitumenquantum von 23 kg, d. i. ungefähr 19%. Durch die Bearbeitung erleidet man einen geringen Verlust an Bitumen. Schmelzen und Mischen geschieht in großen Kesseln, in denen ein Rührwerk dauernd die geschmolzene Masse gut durchmischt.

Goudron. Früher wurde Goudron dadurch gewonnen, daß man ihn aus dem Asphaltkalkstein ausschmolz. Dieser Goudron war bekannt als Bergteer. Gegenwärtig kann er nicht mehr als ein Handelsprodukt angesehen werden. Bei der späteren fabrikmäßigen Zubereitung hat man den rohen oder gereinigten Trinidadasphalt als Grundlage genommen. Dieser erhält einen Zuschuß von Bitumen, um ein weicheres Material zu bekommen, so daß ein Bitumengehalt von 65—70% erreicht wird. Die Wahl des Zuschusses an Bitumen ist von Bedeutung. In erster Linie muß der Goudron, der für die Zubereitung von Asphaltmastix verwendet werden soll, frei von Bestandteilen sein, die unter 250° C verflüchtigen. Zweitens muß der Bitumengehalt, die Penetration und das Reckvermögen (Duktilität) bestimmten Anforderungen entsprechen. Dem entspricht Paraffinöl und verschiedene Abfälle der Petroleumdestillationen wie auch der Goudron d'Autun, ein französisches Produkt.

Man tut als Straßenbauer jedoch gut, das Gebiet der chemischen Untersuchungen zu verlassen und sich mit dem im Handel vorkommenden Trinidadgoudron, auch Goudron composé genannt, zufriedenzustellen, lediglich auf eine oberflächliche Prüfung hin. Diese besteht darin, daß er in Wasser von 7—8° C so hart wird, daß er sich mit einem Hammer in Stücke schlagen läßt, während er anderseits sich in der Hand zu Fäden ausziehen läßt und bei 40—50° C eben flüssig wird. Er muß eine glänzend schwarze Farbe haben und darf bei der Abkühlung nach dem Schmelzen nicht an Härte zunehmen. Den Bitumengehalt kann man durch Laboratoriumsuntersuchung feststellen.

Bitumen. Da in der Straßenbaukunde keine anderen unvermischten Bitumensorten vorkommen wie die bekannten Petroleumrückstände, so können wir uns auf diese beschränken. Sie haben hierzulande großen Aufschwung genommen und ausgezeichnete Dienste geleistet. Sowohl als Bindemittel bei den verschiedensten Straßenbauarten (Shelfalt) wie als Staubbekämpfungsmittel bei Oberflächenbehandlung einer Straßendecke (Spramex).

Der Charakter dieser beiden Sorten ist genau der gleiche, beide sind Destillate desselben Grundstoffes: des rohen Erdöls. Dieses wird in rohem Zustand eingeführt und hierzulande destilliert. Die Art des Grundstoffes scheint von wesentlicher Bedeutung für die Qualität des Bitumen zu sein.

In Amerika, wo man den Bitumen für Straßenzwecke schon jahrzehntelang verwendet, hat man bewährte Grundsätze für die Qualität aufgestellt, die nachstehend aufgeführt werden.

Die Klasseneinteilung der verschiedenen Destillate geschieht nach dem Grad der Härte, also nach der Penetration. Nach deren Größe unterscheidet man in Amerika 10 Bitumensorten. Als Einheit wird 0,1 mm angenommen. Bei einem Einsinken von 4,3 mm nennt man die Penetration 43. Sie wird bestimmt nach dem Einsinken einer mit 100 g belasteten Normalnadel Nr. 2 auf die Dauer von 5 Sek. bei einer Temperatur von 25° C. Die Normalnadel Nr. 2 hat einen Durchmesser von 1 mm.

Nach den amerikanischen Angaben muß die Penetration des Bitumen für leichten Verkehr größer sein wie für schweren Verkehr und für Gebiete mit hoher Temperatur niedriger wie in kalten Gegenden:

Tabelle 22. Amerikanische Penetrationsgrenzen.

Art der Pflasterung	Verkehr	Temperaturen (Wärmegrade)		
		niedrig	mäßig	hoch
Asphaltmakadam	leicht	120—150	90—120	80—90
	mäßig	90—120	90—120	80—90
	schwer	80—90	80—90	80—90
Asphaltbeton (Steinschlagasphalt)	leicht	60—70	60—70	50—60
	mäßig	60—70	60—70	50—60
	schwer	50—60	50—60	50—60
Sheetasphalt (Sandasphalt)	leicht	50—60	50—60	40—50
	mäßig	50—60	50—60	40—50
	schwer	40—50	40—50	30—40
Asphaltblocks	leicht	15—25	15—25	10—15
	mäßig	15—25	15—20	10—15
	schwer	15—20	10—15	5—10

Die in Holland gebräuchlichen Bitumensorten weichen in bezug auf Penetration von obenstehender Tabelle einigermaßen ab. Die Grenzen sind nachstehend angegeben unter Hinzufügung der Gewichtsprozente für Bitumen.

Tabelle 23. Penetrationsgrenzen für Holland und Bitumengehalt.

Art des Straßenbaus	Penetrations-grenzen	Bitumengehalt in Prozenten
Asphaltmakadam	60— 70	5— 6%
Asphaltbeton (offene Methode)	45— 55	5— 7%
„ (geschlossene Methode)	45— 55	9—11%
„ (grobkörnig und dicht)	45— 55	7— 9%
Sheetasphalt in Sand	45— 55	10—12%
„ in Schlacken	55— 65	14—17%
„ in Sand und Schlacken	50— 60	11—14%
Zwischenlage in Basalt	45— 55	4— 6%
„ „ Schlacken	60— 70	9—12%
Oberflächenbehandlung	190—200	—

Die Penetrationsprobe muß bei jedem Asphaltstraßenbau ein oder mehrere Male am Tage genommen werden, genau so wie die Siebprobe. Dazu bedarf man eines Penetrometers von Dow mit Zubehör.

Die Konsistenz oder Viskosität der flüssigen bituminösen Materialien, wie Teer, bestimmt man im allgemeinen mit Hilfe eines Viskosimeters. Eine Bestimmung der Penetration hat bei weichem Bitumen kein günstiges Ergebnis, hier kann man besser die Konsistenz bestimmen, indem man den Grad der Flüssigkeit untersucht. Es gibt eine Reihe von Viskositätsprüfungen. In erster Linie sind sie in hohem Maße abhängig vom Wärmegrad, bei dem die Konsistenz bestimmt wird, und zweitens von der Art und Weise — d. h. mit welchem Apparat — dies geschieht. Man muß daher bei Bezeichnung der Viskosität die Penetration, die Temperatur und den Apparat angeben.

In Holland wird die Viskositätsnorm praktisch allein für Teer angewandt. Und da hierbei den englischen Vorschriften gefolgt wird, ist es ratsam, auch die darauf Bezug habende Schwimmprobe (englisch Float-Test) zu übernehmen. Sie wird mit einem Apparat ausgeführt, in dem eine schwimmende Schale sinkt, sobald eine kleine Menge des Probematerials flüssig wird. Der Zeitraum zwischen dem Beginn der Probe und dem Sinken der schwimmenden Schale gibt in Sekunden den Grad der Viskosität an.

Eine andere Probe für die Wertbestimmung des Bitumen findet man in der Untersuchung nach dem Schmelzpunkt oder dem Erweichungspunkt. Dieser ist für die verschiedenen Sorten ungleich, kommt aber bei einer Penetration von 50 auch auf 50° C. Der Schmelzpunkt wird bestimmt durch die sog. Ring- und Kugelmethode. Hierzu wird ein flacher, kupferner Ring mit einem Durchmesser von $^5/_8$ Inch = 16 mm und einer Höhe von $^1/_4$ Inch = 6,4 mm gefüllt mit geschmolzenem Material; dieses wird in der Mitte belastet mit einer stählernen Kugel von $^3/_8$ Inch = 9,5 mm in einem Gewicht von 3,45—3,50 g. Das eine und andere wird mit einem Standardthermometer in Wasser von 5° C gehängt. Danach wird die Temperatur des Wassers allmählich mit ungefähr 5° C per Minute erhöht, so daß die Kugel durch den erweichenden Bitumen sinkt. Man nimmt nun den Schmelzpunkt auf, wenn der Bitumen 1 Inch = 25,4 mm gesunken ist.

Ferner ist die Duktilität eine sehr wichtige Eigenschaft des Bitumen. Sie wird bestimmt durch Ausziehen zu einem Faden, der bei einer Temperatur von 25° C 90 cm lang werden muß. Dies kann nur im Laboratorium geschehen, man gebraucht dazu den Duktometer von Dow & Smith.

Das spezifische Gewicht des Bitumen ist wahrscheinlich kein wichtiges Hilfsmittel für die Untersuchung. Es beträgt in der Regel bei 25° C 1,03—1,04.

Ebenso weicht der Prozentsatz an löslichem Bitumen wenig vom Totalgewicht ab. Shelfalt wird z. B. mit 99,9% als reiner Bitumen geliefert. Wie schon oben erwähnt, untersucht man diesen Gehalt durch Auflösung in Schwefelkohlenstoff.

Der Entzündungspunkt von gutem Bitumen liegt nahe bei 275° C und wird festgestellt durch Erhitzung in einer offenen Schale.

Schließlich kann man Bitumen noch prüfen durch Feststellung des Gewichtsverlustes bei Erhitzung bis 163—193° C auf die Dauer von 5 Stunden. Der Verlust darf höchstens 3% betragen.

Teer. Bei Gebrauch von Teer in und auf Straßendecken ist man hier im allgemeinen auf zwei Sorten destillierten Kohlenteers angewiesen. Die eine Sorte entspricht ungefähr den englischen Bedingungen für Oberflächenbehandlung, näher beschrieben im Kapitel XVII meines Buches „Wegenbouw", die andere Sorte eignet sich zur Verarbeitung in der Decklage.

Da bei dem gegenwärtigen Stand der Technik der Teer in der Hauptsache für Oberflächenbehandlung gebraucht wird, dürfen folgende einfache Forderungen noch mitgeteilt werden:

1. Der Teer muß Kohlenteer sein und aus einer Gasfabrik oder Kokerei stammen.

2. Er muß ganz frei von Wasser sein, höchstens darf $^1/_2$% zugestanden werden.

3. Er muß nahezu frei sein von Ammoniak und leichten Ölen.

4. Bei Destillation bis zu 170° C darf er höchstens 1% an Gewicht verlieren und bis zu 300° C nicht mehr wie 25%.

Das Pech, welches man zur Verstärkung dem Teer zufügen kann, muß unter 270° C nicht mehr wie 1% verlieren bei der Destillation, und bis 315° C nicht mehr wie 5%.

Nach den geprüften englischen Vorschriften muß der Teer die Forderungen erfüllen, wie sie in untenstehender Tabelle angegeben sind. Für Oberflächenbehandlung muß Teer Nr. 1 genommen werden, während Teer Nr. 2 geeignet ist für Innenteerung.

Tabelle 24. Englische Vorschriften für Teer.

Beschreibung	Teer Nr. 1	Teer Nr. 2
Spezifisches Gewicht bei 15° C nicht mehr wie .	1,225	1,240
Wasser- oder Ammoniakgehalt nicht mehr wie .	1%	1%
Andere Destillate unter 170° C nicht mehr wie .	1%	
Destillat zwischen 170 und 270° C	12—14%	10—18%
Destillat zwischen 270 und 300° C	4—12%	6—12%
Phenole oder rohe Teersäuren nicht mehr wie .	5%	4%
Naphthalin nicht mehr wie	8%	5%
Freier Kohlenstoff nicht mehr wie	22%	24%
Viskosität oder Festigkeitsgrad	3—20 Sek.	20—100 Sek.

Spezifisches Gewicht. Einen wichtigen Teil der hier behandelten Baumethoden bildet die Bestimmung des Gewichts, und hierbei spielt wiederum das spezifische Gewicht der verschiedenen Materialien eine große Rolle. Die Bestimmung aller Mengen und Prozentsätze geschieht in der Asphalttechnik nach dem Gewicht. Es ist deshalb nötig, über genaue Waagen zu verfügen, sowohl über kleine für die Untersuchungen im Laboratorium wie über große für das Abwiegen der Grundstoffe. Letzteres geschieht meist automatisch an der Mischmaschine.

In nachstehender Tabelle sind das spezifische Gewicht und das Volumengewicht der gebräuchlichsten Materialien und Endprodukte angegeben.

Tabelle 25. Spezifisches Gewicht und Volumengewicht der verschiedenen Materialien und Produkte.

Beschreibung	Spezifisches Gewicht	Volumengewicht per cbdcm
Roher Kohlenteer	1,10—1,20	—
Präparierter Teer Nr. 1 für Oberflächenbehandlung	1,80—1,225	—
Präparierter Teer Nr. 2 für Innenteerung .	1,200—1,240	—
Kohlenteerpech	1,23—1,33	—
Spramex	1,03	—
Shelfalt	1,04	—
Quarzsand	2,65	1,40—1,50
Basaltschlag	2,95—3,00	1,45—1,55
Granit	2,7	—
Kalkstein	2,7	—
Portlandzement	3,10	1,86
Abfallverbrennungsschlacken	1,85	1,25
Trinidad-épuré	1,40	—
Feiner Steinschlagasphalt (Topeka)	2,28	—
Grober Steinschlagasphalt	2,60	—
Sandasphalt (neu)	2,00	—
Schlackenasphalt (neu)	1,90	—
Stampfasphalt (neu)	2,05	—
Stampfasphalt nach 10 Jahren	2,30	—
Asphaltblocks	2,37	—

Wärmegradgrenzen. Ebenso wichtig wie die Bestimmung des Gewichtes ist die Kenntnis und Beachtung der Temperaturgrenzen, wie sie für die verschiedenen Arbeiten und Prüfungen vorgeschrieben sind. Sie sind für die vielen Fälle, die vorkommen, in nachstehender Tabelle noch einmal übersichtlich zusammengestellt.

Man darf die Bedeutung davon nicht unterschätzen. Viele Fehler, die an Asphaltstraßen entstehen, können einer Überhitzung des Bitumen zugeschrieben werden. Ebenso ist es unmöglich, eine gute Mischung zu machen, wenn der Bitumen nicht warm genug ist.

Der Thermometer spielt daher eine wichtige Rolle: man hat die Temperatur der trockenen Mischung sowohl wie auch die des Bitumen zu messen und ferner die Temperatur der fertigen Mischung, wenn sie aus der Mischmaschine herauskommt und wenn sie auf dem Weg ankommt.

Bitumenkessel muß man möglichst mit festem Thermometer ausstatten und für die weiteren Messungen bei der Arbeit muß man gut untersuchte Thermometer von kleinem Format zur Verfügung haben, damit man mühelos immer wieder den Grad der Erhitzung messen kann.

Tabelle 26.

Beschreibung	Grade in Celsius	Grade in Fahrenheit
Bestimmung des spezifischen Gewichtes von Teer	15°	59°
Bestimmung der Penetration	25°	77°
Bestimmung der Duktilität	25°	77°
Bestimmung des Schmelzpunktes (Ring und Kugel)	54,6°	130°
Entflammungspunkt von Bitumen	274°	525°
Prüfung nach „pat-test“ (Fleckprobe)	135°	275°
Untersuchung des Gewichtsverlustes Bitumen . .	163°	325°
Verarbeiten des Teers bei Oberflächenbehandlung	105—116°	220—240°
Verarbeiten des Teers bei Innenteerung	124—138°	260—280°
Erhitzung des Bitumen für die Mischmaschine .	163—193°	325—380°
Höchsttemperatur für Bitumen	205°	400°
Niedrigste Temperatur für die Mischung	149°	300°
Niedrigste Temperatur für die trockene Mischung	163°	325°
Höchsttemperatur für die trockene Mischung . .	191°	375°
Mischung ohne Schlacken auf den Weg gebracht, niedrigste Temperatur	149°	300°
Mischung von Schlacken auf den Weg gebracht, niedrigste Temperatur	163°	325°
Mindesttemperatur für das Verarbeiten auf dem Weg	135°	275°
Höchsttemperatur für jede Art von Mischung, auf den Weg gebracht	177°	350°